我为你鼓掌

我学会了不嫉妒别人

泰博象/主编

黑龙江科学技术出版社

图书在版编目（CIP）数据

我为你鼓掌：我学会了不嫉妒别人 / 泰博象主编.
-- 哈尔滨：黑龙江科学技术出版社, 2016.10
　　ISBN 978-7-5388-8701-3

　　Ⅰ.①我…　Ⅱ.①泰…　Ⅲ.①情商—能力培养—儿童
教育—家庭教育　Ⅳ.①B842.6 ②G78

中国版本图书馆CIP数据核字（2015）第316585号

我为你鼓掌：我学会了不嫉妒别人
WO WEI NI GUZHANG : WO XUEHUI LE BU JIDU BIEREN

作　　者	泰博象	
责任编辑	王嘉英	
封面设计	游　麒	
出　　版	黑龙江科学技术出版社	
	地址：哈尔滨市南岗区建设街41号　邮编：150001	
	电话：（0451）53642106　传真：（0451）53642143	
	网址：www.lkcbs.cn　www.lkpub.cn	
发　　行	全国新华书店	
印　　刷	北京彩虹伟业印刷有限公司	
开　　本	710 mm × 1000 mm　1/16	
印　　张	12	
字　　数	100千字	
版　　次	2016年10月第1版	
版　　次	2016年10月第1次印刷	
书　　号	ISBN 978-7-5388-8701-3	
定　　价	29.80元	

　　成长从来都是伴随着疼痛的，就像是毛毛虫，为了变成能够翩翩起舞的美丽的蝴蝶，必须要历经磨难和煎熬，最后奋力一搏，冲破束缚！孩子们的成长也是如此，每一个孩子在成长的过程中，都会遇到各种各样的问题和麻烦。随着年龄的不断增长，孩子们的内心也都有了自己的小秘密和小烦恼：也许他曾经因为受到朋友的排挤而悄悄哭泣过；也许他曾经因为自己长得不够漂亮而暗暗自卑过；也许他曾经因为好朋友取得成绩而心生嫉妒过；也许他曾经因为不能像其他同学那样穿一身名牌而愤愤不平过……

　　可是，这些小秘密和小烦恼，孩子们该向谁诉说呢？也许他们正在苦苦寻找倾诉的对象……现在，父母们不用担心了，因为孩子们的"好朋友"到来了！

　　其实，每个孩子都具有自我成长的潜能，孩子只有在自我教育中才能更好地发展和完善自我。这套丛书选取了孩子们在日常生活和学习过程中最容易遇到的六个问题，用故事的形式亲切地打动孩子，动之以情，晓之以理，帮助他们冷静面对自己遇到的问题，解除困惑，更加健康快乐地成长，是成长期儿童不可多得的心灵营养自助餐。

小朋友们，每一个好故事，都会带你种下美丽人生的种子；每一个好故事，都是帮助我们领悟人生哲理的一盏明灯，让我们怀揣希望和梦想，从此开启快乐和成功的旅程！

CONTENTS

目录

CONTENTS

目 录

CONTENTS

目录

我为你鼓掌——我学会了不嫉妒别人

Part 1 嫉妒是一件两败俱伤的事情

国王和大象

——嫉妒是心灵的毒药

在远古时代，摩揭陀国有一位国王饲养了一群象。

象群中，有一头象长得很特殊，全身白皙，皮毛柔细光滑。后来，国王将这头象交给一位驯象师照顾。这位驯象师不只照顾它的生活起居，也很用心地训练它。这头白象十分聪明、善解人意，过了一段时间之后，他们已建立了良好的默契。

有一年，这个国家举行一个大庆典。国王打算骑白象去观礼，于是驯象师将白象清洗、装扮了一番，在它的背上披上一条白毯子后，才交给国王。

国王就在一些官员的陪同下，骑着白象进城看庆典。由于这头白象实在太漂亮了，民众都围拢过来，一边赞叹、一边高喊着："象王！象王！"这时，骑在象背上的国王，觉得所有的光彩都被这头白象抢走了，心里十分生气、嫉妒。他很快地绕了一圈后，就不悦地返回王宫。

一入王宫，他问驯象师："这头白象有没有什么特殊的技艺？"驯象师问国王："不知道国王您指的是哪方面？"国王说："它能不能在悬崖边展现它的技艺呢？"驯象师说："应该可以。"国王就说："好。那明天就让它在波罗奈国和摩揭陀国相邻的悬崖上表演。"

隔天，驯象师应邀把白象带到那处悬崖。国王就说："这头白象能用三只脚站立在悬崖边吗？"驯象师说："这简单。"他骑上象背，对白象说："来，用三只脚站立。"果然，白象立刻就缩起一只脚。

国王又说："它能两脚悬空，只用两只脚站立吗？""可以。"驯象师就叫它缩起两

脚，白象很听话地照做。国王接着又说："它能不能三脚悬空，只用一只脚站立？"

驯象师一听，明白国王存心要置白象于死地，就对白象说："你这次要小心一点，缩起三只脚，用一只脚站立。"白象也很谨慎地照做。围观的民众看了，热烈地为白象鼓掌、喝彩！

国王愈看心里愈不平衡，就对驯象师说："它能把后脚也缩起，全身悬空吗？"

这时，驯象师悄悄地对白象说："国王存心要你的命，我们在这里会很危险。你能腾空飞到对面的悬崖吗？"不可思议的是这头

白象竟然真的把后脚悬空飞起来，载着驯象师飞越悬崖，进入波罗奈国。

波罗奈国的人民看到白象飞来，全城都欢呼了起来。国王很高兴地问驯象师："你从哪儿来？为何会骑着白象来到我的国家？"驯象师便将经过一一告诉国王。国王听完之后，叹道："人为何要与一头象计较、嫉妒呢？"

❶ 白象长得非常漂亮，人们都很喜欢它，为它欢呼，为它呐喊，可是为什么国王却不喜欢它呢？

❷ 国王为什么要置白象于死地呢？

❸ 读完这个故事，你有什么感想呢？

心●灵●成●长●课●堂

小朋友们，在这个故事中，摩揭陀国的国王拥有至高无上的权力和荣耀，其实，他是根本无需去嫉妒一头大象的。可是，大象实在是太漂亮了，人们为它欢呼和呐喊，以至于忽略了国王。于是，国王的嫉妒心由此而生，他甚至产生了害死大象的想法，就百般刁难，可是大象最后却奇迹般地飞过了悬崖，保住了性命。

其实，摩揭陀国的国王只需稍微调整一下自己看问题的角度就会发现，自己拥有的东西很多很多，嫉妒一头大象的漂亮是完全没有必要的。对大象的嫉妒，实际上对他自己也是一种心理折磨，因为在嫉妒别人的过程中，自己也不会感到快乐，甚至还会迷失善良的心性，酿成悲剧的发生。所以说，嫉妒是心灵的毒药，会害人害己。

在现实生活中，小朋友们与其花费时间和精力去嫉妒别人，不如增长自己的知识和修养，等到自己的知识和修养都得到提高的时候，自己的价值也就得到了体现，那么别人也就会喜欢你、尊重你、信任你！

指点迷津

对于嫉妒者的中伤，最妙的回击是置之一笑。

我们永远不要去嫉妒别人，因为嫉妒是一种非常不好的情感，它会使人失去理智，甚至造成不可估量的损失。

一个人给予别人的幸福和快乐越多，他自己得到的幸福和快乐也就越多；反之，就越少。

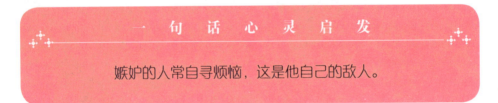

一句话心灵启发

嫉妒的人常自寻烦恼，这是他自己的敌人。

柏拉图的智慧

——擦去心中的嫉妒

柏拉图年轻时就非常有成就，一次，朋友送了他一把精致的椅子，以表示对他的仰慕之情。几天以后，一群人到柏拉图家里做客，看到了那把漂亮的椅子。问明来处之后，其中一个人突然上了那把椅子，疯狂地乱踩乱跳，并一边嚷着说："这把椅子代表着柏拉图心中的骄傲与虚荣，我要把他的虚荣给踩烂！"

众人，包括柏拉图在内全都吓了一跳！只见柏拉图不疾不徐地回房里拿出了一块抹布，把被踩得脏兮兮的椅子擦拭干净，并请那位疯狂踩椅的朋友坐下，诙谐并颇具深意地说："谢谢你帮我踩掉心中的虚荣，现在我也帮您擦去心中的嫉妒，您可以心平气和地坐下和大家喝茶、聊天吗？"

① 面对友人不文明的疯狂的举动，柏拉图是怎么处理的呢？

② 柏拉图的智慧之处在于哪里？

 心●灵●成●长●课●堂

如果你是柏拉图，面对朋友的举动，会怎样处理

呢？也许你会很生气地跟他吵一架，也许你会把他

赶出自己的家门……可是这些都不是智慧的做法。

柏拉图的智慧就在于，他可以心平气和地让他的朋

友惭愧不已，甚至无地自容。

小朋友们，面对别人的嫉妒，你要胸襟宽广，从容不迫，不要去斤斤计较，不要去争执不下，这才是最聪明的做法。

指 点 迷 津

面对别人的嫉妒，你也要适当地反省一下自己，是否自己在某些方面真的做得不太好呢？

在取得成绩时，不要冷落了大家，更不要居功自傲。相反，要真诚地感激大家，和大家一同分享荣誉，这样大家才能更加欣赏、支持你。

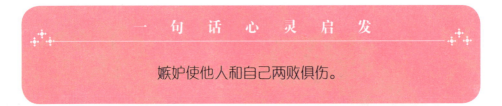

一 句 话 心 灵 启 发

嫉妒使他人和自己两败俱伤。

朱子明画驴

——对别人的嫉妒一笑置之

宋代的山水画家朱子明，画得一手好画。正因为他画得一手好画，所以被同行们忌恨。有意无意间，同行们常常贬低他。有人说他的画技差得太远；有人说，朱子明会画什么，就会画个驴！

朱子明是画驴，但那只是偶尔之作。可大家说他只会画驴，如此的贬低就是一种污辱了，朱子明为此很是郁闷。渐渐地，世人都知道朱子明只是个画驴的，也就不再向他求画了。

一天，皇帝出城，在市面上看到有人摆地摊儿卖画，卖的竟是一张张驴图。皇帝很少见到画驴的，觉得十分新鲜，就问随从："天下谁画驴画得最好？"

随从就去满世界打听。几天后，回皇帝话，说有一个叫朱子明的人专画驴。皇帝便传朱子明来宫里为他画驴。朱子明哭笑不得，这是大家在贬他啊，皇帝怎么能当真，但面对圣旨，朱子明只能遵命。

朱子明不是画驴的，因为众人的嫉妒落了个只会画驴的名声，又因为被皇帝误会，真的画起了驴，并因为给皇帝画驴，一夜之间成为"天下第一画驴人"。

❶ 朱子明画得一手好画，可是为什么同行们却都说他只会画驴呢？

❷ 朱子明因祸得福，获得了皇帝的青睐，成为了"天下第一画驴人"，这说明了什么呢？

❸ 从这个故事中，你领悟到了什么？

心•灵•成•长•课•堂

朱子明曾研究山水，苦苦追求，可谓艰难曲折，一生都想着怎么才能成名，却被众人踩在脚下，骂他只会画驴。这是因为其他的人都非常嫉妒朱子明的才能，所以故意贬低他。但是这些嫉妒朱子明才能的人万万没想到，反而竟是一头驴子成全了他，他因画驴而功成名就，成为"天下第一画驴人"。这也证明了那句话，那就是"是金子总会发光的"，是的，只要你有真才实学，只要你肯为自己的梦想付出努力，那么就一定会迎来人生中的艳阳天，像朱子明那样功成名就。

其实，朱子明在晚年的回忆录中，还曾说要感谢那些嫉妒过他的人，是他们在骂声和贬低中成就了他。这更体现了朱子明作为一代名家的那种宽广的胸怀。小朋友们若想在长大以后成就一番大事，也必须要具备这种胸怀才行，当别人嫉妒和贬低你的时候，不要太在意，时间自会证明一切。当然了，面对别人取得的成绩，也要真心地给予掌声才好！

拜伦曾经说过："爱我的我报以叹息，恨我的我置之一笑。"拜伦的这"一笑"，真是洒脱极了，当别人嫉妒你的才能时，要大度地置之一笑，而不是"我一定要报复你""我一定要让你不得好过"。

在平常的学习和生活中，要学会"为别人喝彩"，否则只能说明你自己的心胸比较狭窄。要知道，心胸狭窄是一个人取得成就的"致命伤"。

一 句 话 心 灵 启 发

　　不要让嫉妒的蛇钻进你的心里，这条蛇会腐蚀你的头脑，毁坏你的心灵。

大师米开朗琪罗

——让嫉妒开出绚烂的花朵

米开朗琪罗是意大利文艺复兴时期最杰出的艺术家之一。他从小就显示出了对雕刻的浓厚兴趣，并逐渐展现出了在雕刻领域的非凡天赋。

二十三岁时，米开朗琪罗就接受法国红衣主教的重托，为圣彼得教堂制作出了雕像《哀悼基督》。随着这座雕像的完成，年轻的米开朗琪罗一举成名。人们不由惊叹，又一颗雕刻巨星诞生了！

一五〇一年，米开朗琪罗创作出了至今依然为整个世界的人们所倾倒和熟识的伟大作品——雕像《大卫》。

年纪轻轻便成就斐然、声名远播，这一方面使得米开朗琪罗备受人们的推崇和爱戴，另一方面，也使他遭受了来自同一时期的艺术家们的敌意和批驳。许多艺术家嫉妒他的卓越才华，惧怕他的崛

起。这其中，对他最为嫉恨的，是大建筑师布拉曼特。

布拉曼特在当时的建筑界是一位一言九鼎的人物，享有崇高的威望，并深受教皇的器重，委他以总建筑师的重要职位。米开朗琪罗的出现，使得布拉曼特感受到了前所未有的不安和危机。他充分利用自己的影响力和权势，千方百计地压制、刁难米开朗琪罗。

这一年，教皇委派米开朗琪罗去建造他的华丽墓穴。这是一项庞大的工程，也是展示才华的大好时机。米开朗琪罗欣然受命，全身心地投入到了这项工作中。仅仅为了挑选完美的石块，他就花费了整整八个月的时间。但工程尚未启动，就被教皇喊停了。

原来布拉曼特见由米开朗琪罗负责这项浩大工程，心生嫉妒，生怕他在教皇那里抢了自己的风头，便在教皇面前不停游说，说生前造墓不吉利，倒不如重新修缮圣彼得教堂，可使圣父的伟业锦上添花等等。教皇听信了这些话，就让布拉曼特去主持大教堂的修缮。至于米开朗琪罗，教皇则根据布拉曼特的建议，叫他放下刻刀，去为西斯廷礼拜堂的天顶画壁画。

米开朗琪罗从未学过专业的绘画技术，而且他也看不上绘画。他一生只承认自己是雕塑家，即便后来他的画作足以与其雕塑相媲美，他也依然如此。他明白，这是布拉曼特的馊主意，想借机压制和捉弄他。以他的脾气，他完全可以拒绝接受这项因为嫉妒而故意刁难给他的任务，但他经过反复思量，最终还是接受了这项任务。

在这间短廊式的五百多平方米的天顶上，米开朗琪罗除了完成全部壁画，还要加上装饰，然而，除了配制颜料的助手外，没有第二个人肯上十八米高的脚手架上帮助他。他独自仰卧在高高的脚手架上，未干的颜料不断地滴在他的脸上，很快就积了厚厚一层。

人们无法想象，他是以怎样的毅力来完成这浩大而艰巨的工程的。当他走下脚手架时，眼睛已经受到严重损伤。事后，他连读信也要把信纸放到头顶上去。

当时，米开朗琪罗不过三十七岁，可是长期从事仰脖子的艰苦作业，使他的面容变得憔悴不堪，已俨然成为一个多病的老人了。经过长达四年五个月的辛苦创作，工程终于竣工了。

罗马西斯廷小教堂内的天顶画，是米开朗琪罗的绘画艺术丰碑，它与同一教堂的另一幅壁画《最后审判》一道，构成了他一生最有代表性的两大巨制，这两幅壁画工程也是意大利文艺复兴时期最伟大的艺术贡献。

当同样嫉妒他的画家拉斐尔看了这幅巨大的天顶画之后，也不由赞叹道："米开朗琪罗是用与上帝一样杰出的天赋创造这个艺术世界的！"

而米开朗琪罗却这样评价这幅巨制的诞生："嫉妒没有把我击倒，反而给了我力量，是嫉妒成就了这幅天顶画。"

想一想

❶ 布拉曼特在当时的建筑界也是一位重要的人物，可是他为什么还要嫉妒米开朗琪罗呢？

❷ 历经四年五个月的辛苦创作，天顶画终于竣工了，可是由于长期仰头工作，米开朗琪罗连读信都要抬起头来。他的辛苦是否值得呢？

❸ 米开朗琪罗为什么说是嫉妒成就了他？

心·灵·成·长·课·堂

米开朗琪罗在二十三岁时就制作出了雕像《哀悼基督》，从此一举成名。布拉曼特之所以嫉妒他的才华，那是因为他的心胸太狭窄了。世界上就是有这样一种人，面对别人取得的辉煌成绩，不能保持一颗平静、祝福的心，而是心怀嫉妒，从而百般阻挠。俗话说："己所不欲，勿施于人。"别人有所成就，我们不要心存嫉妒，与别人分享成功的喜悦，不也是一件很幸福的事情吗？可是布拉曼特却不这么想，他花言巧语、从中作梗，使得从来没有学过专业绘画的米开朗琪罗去绘制西斯廷小教堂内的天顶画，米开朗琪罗本来可以拒绝，可是思考了一番以后，还是接受了这个艰巨的任务。终于，他还是成功了，赢得了世人由衷的赞叹，就连同样嫉妒他的画家拉斐尔也不由得赞叹米开朗琪罗的艺术天赋。所以，米开朗琪罗认为，反倒是别人的嫉妒成就了他。

　　小朋友们，不要心怀嫉妒，更不要被别人的嫉妒打倒。如果你被别人的嫉妒轻易地打倒了，这只能说明你还不是最优秀的，起码在意志上算不上优秀。

指 点 迷 津

当遭遇别人的嫉妒时，要给自己一个积极的心理暗示，那就是"我一定会做得更好"。这样，也许你就能够像米开朗琪罗那样，让嫉妒开出绚烂的花朵。

他人所取得的成就也是经过努力得来的，因此不要去嫉妒，分享别人的成功也是一件快乐的事。只要你肯去实践，就一定能体验到。

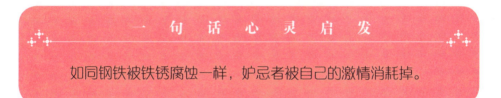

一 句 话 心 灵 启 发

如同钢铁被铁锈腐蚀一样，妒忌者被自己的激情消耗掉。

花园里的小草

——每一个人都有属于自己的芳香

　　春天来了，花园里开满了各种各样的花，有浓艳的牡丹，妖娆的芍药，小巧的迎春花，娟秀的紫罗兰，张狂的刺梅……园丁总是会带很多很多的人来观赏他的花园，花儿们也争先恐后地绽放着，向园丁和游人尽情展示着它们的美丽。每当有人赞叹，花儿们便开得愈加灿烂。可是，小草却例外，它总是悄悄地躲在花园的一角，看着那些争奇斗艳的花儿。园丁很爱他的花儿，也同样爱着小草，像呵护花儿一样呵护着小草。他相信，有一天，小草也能像那些花儿一样开出绚烂的花朵来。

　　日子一天天地过去了，来看花儿的人越来越多，花儿也开得越来越艳丽，可小草还是那棵小草，依然是一身淡绿，静立一角。没有人在意小草，经过小草的，都是匆匆的脚步。同伴们开始嘲笑小草，它们总是在和煦的微风里肆无忌惮地招摇着自己的花朵，轻舞着自己婀娜的身姿，互相展示着自己的美丽，轻蔑地看着小草孤独的样子。

园丁常来照顾他的花儿，也宽容地照顾着小草，但每每轮到小草，园丁都要长长地叹一口气。小草知道，园丁是惋惜它没有像那些花儿一样，开出美丽的花来。

冬天来了，肆虐的北风吹折了小草娇小的身躯，寒冷的冰霜冻僵了小草柔弱的臂膀，小草在严冬中瑟瑟发抖，善良的白雪体贴地将它揽在了怀中，小草在白雪的怀中安静地想着一个问题，它想：等春天来的时候，我会开出美丽的花朵来吗？

小草在白雪的怀中，期待着，梦想着，憧憬着……

小草会开出美丽的花朵来吗？也许吧，也许吧！

❶ 小草很平凡，它拥有梦想的权利，但是它的梦想最终会实现吗？

❷ 如果你就是那棵小草，会怎么办呢？

心·灵·成·长·课·堂

　　小草的愿望固然是美好的，有梦想也是一件很好的事情。什么是梦想呢？梦想是一个人对生活积极进取的态度，对人生深深的企盼。一个人，他可以失败，可以遭受挫折，可以忍受孤独和不幸，但不可以失去梦想。失去梦想的人生就像鸟失去了双翼，船失去了双桨。其实，我们每个人都需要梦想，但梦想并不等同于空想。一件事情，如果你明明知道它是不可能实现的，却依然不肯放弃，这种精神固然是值得学习的，但是做法却是偏执、极端和盲目的。

　　所以，找准自己在人生中的定位，扮演好自己在人生中的角色，这才是最重要的，别人也才会以赞赏、肯定的眼光看待你。

指点迷津

在生活中，每一个人都有自己与众不同的"芳香"，所以，一定要看好自己，而不是是一味地去羡慕别人的拥有和外在的光鲜。

不羡慕，不嫉妒，学着去欣赏，去祝福，这样你的人生才会是快乐的。

一句话心灵启发

当你用欣赏的眼光看别人时，别人也会向你投来欣赏的眼光。

Part
2

尊重和宽容身边的人

打扫卫生的总裁先生

——每个人都值得尊重

一位中年女人坐在美国著名企业巨象集团总部大厦楼下花园里的一张长椅上，她生气地教训着学习成绩不好的儿子。不远处，一位白发苍苍的老人正在修剪着低矮灌木。

面对母亲的责骂，小男孩伤心地哭了起来。中年女人从包里揪出卫生纸，为男孩擦干眼泪，甩手把纸抛到了刚剪过的灌木上。老人诧异地瞅了中年女人一眼，中年女人也满不在乎地看了他一眼，老人一句话也没说，默默地走过去将纸团捡起来扔进了垃圾桶。哪知，老人刚回到原处，拿起剪刀继续工作，一团卫生纸再次落在了他眼前的灌木上。就这样，老人接连捡了中年女人扔的六团纸。

中年女人指了指修剪灌木的老人对儿子说："你如果现在不努力学习，将来就跟这个老园工一样没出息，只能做这些卑微低贱的工作！"

老人放下剪刀走过来说："夫人，这是巨象集团的私家花园，按规定只有集团员工才可以进来。"

"那当然，我是巨象集团所属一家公司的部门经理！"中年女人高傲地拿出一张名片丢在老人的身上。

老人把名片扔进垃圾桶，从口袋里掏出手机拨了一个电话。中年女人很生气，正要理论时，发现巨象集团人力资源部的负责人匆匆朝自己走来，她忙满面堆笑迎上去，可是负责人看也没看她，毕恭毕敬地站在老人面前。"我提议免去这位女士在巨象集团的职务！""是，总裁先生，我立刻按您的指示去办！"那位负责人连声答道。原来，

老人是巨象集团的总裁詹姆斯先生。

老人抚摸着小男孩的头，意味深长地对他说："孩子，人不光要懂得好好学习，更重要的是要懂得尊重每一个人。"说完，便朝大厦里走去。

❶ 打扫卫生的老人竟然是巨象集团的总裁，这应该是中年女人无论如何也没有料想到的，总裁先生为什么辞去了中年女人的职务呢？

❷ 你能从总裁先生最后的话中领悟到什么吗？

小朋友们，社会是一个复杂的有机体，是由数不清的个体组成的一张大网，而每个人都像这张大网中的一个网结，与其他人存在着千丝万缕的联系。因此，我们要学会去尊重社会这张大网中的每一个人，哪怕他穿着褴褛的衣服，做着卑微的工作。就像故事中讲到的那样，那个小男孩的妈妈恐怕无论如何也没有料想到在花园里打扫卫生的老人竟然是自己所在企业的总裁，这也告诉我们一个道理，那就是：任何时候，都不要以貌取人，任何人都值得尊重。而只有当你尊重了别人，你才可能从别人那里得到应有的尊重，因此尊重别人就等于尊重自己。

指 点 迷 津

尊重别人是你与其他的小伙伴相处的重要原则，只有这样，才会赢得他人的尊重，当你取得成绩的时候，他人才会真诚地给你鼓励，为你喝彩。

在班级里，对于自身有一些缺陷或缺点的同学，更要学会去理解和体谅他们，不要去故意伤害他们的自尊心。

学会倾听和尊重别人的思想、看法，看到别人的长处、优点。当别人和自己的意见不统一时，不要把自己的意志强加给对方。

一 句 话 心 灵 启 发

别抱怨别人不尊重你，要先问问自己是否尊重别人。

你不配坐劳斯莱斯

——不要小看任何一个人

著名企业家迈克尔出身贫寒，在经商以前，他曾在一家酒店当过服务生，他的工作就是干一些替客人搬行李、擦车之类的杂活。

有一天，一辆豪华的劳斯莱斯轿车停在酒店门口。车主人把车钥匙丢给迈克尔，吩咐了一声："把车洗洗。"刚刚中学毕业、还没见过什么世面的迈克尔从来都没有见过这么豪华、漂亮的车子，不免有几分惊喜。迈克尔对这辆车爱不释手，边洗边欣赏。擦完车身后，他有些兴奋，于是忍不住好奇心，拉开了车门，想坐上去享受一番。

这时，正巧领班走了过来，看见迈克尔的举动，问道："你在干什么？"迈克尔羞涩地抓抓耳朵，不好意思地笑着说："我想坐坐这辆车。"领班流露出轻蔑的神态，大声地训斥道："不要忘记了自己的本职工作，你知不知道自己的身份和位置？像你这种人啊，一辈子也不配坐这样豪华的劳斯莱斯，最多也就是给别人擦车。"

受了羞辱的迈克尔很恼怒，此刻他在心底发誓："这辈子我不但要坐上劳斯莱斯，还要拥有自己的劳斯莱斯！"从此，这个强烈的愿望便成了他人生的奋斗目标。

领班的嘲笑一直激励着迈克尔，成为他勇往直前的动力，许多

年以后，当迈克尔事业有成时，果然买了一部劳斯莱斯轿车！

想一想

❶ 领班为什么羞辱迈克尔说"你不配坐劳斯莱斯"？

❷ 迈克尔是怎样取得了事业上的成功？

❸ 这个故事告诉了我们一个什么样的道理？

心 • 灵 • 成 • 长 • 课 • 堂

　　小朋友们，无论你的家境多么优越，爸爸妈妈的地位多么崇高，自己又是怎样的养尊处优，都要记住：人与人之间是平等的关系，永远不要凌驾于他人之上，永远不要小看了身边的任何一个人。首先，每一个人都是值得尊重的，我们要懂得善待他们，和他们友好相处。其次，任何一个你现在看起来无足轻重的人，都有可能是潜力无穷的，也都有可能对你日后的发展起到好的作用。古往今来，越是功勋卓越、受人爱戴的人，越具有这种谦逊和友爱的好品质。

指 点 迷 津

每一个人都有自己的自尊，相信你也希望得到别人的尊重，想让别人看得起你，如果是这样，你首先要尊重别人，看得起别人。

只有怀着一颗感恩的心去面对生活，面对所有人，我们的生活才会变得越来越美好。

每个人的身上都有值得学习的地方，也许他们的物质生活远远比不上你，但是那并不代表他们的精神生活就不如你。

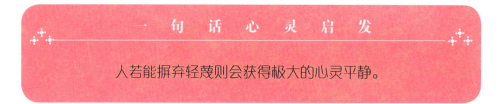

一 句 话 心 灵 启 发

人若能摒弃轻蔑则会获得极大的心灵平静。

梁国商人

——得意莫要忘形

从前，梁国有个商人到南方做生意，过了一段时间才回到自己的家乡。

他临走之前，由于家中的气候、空气、生活习惯等原因，使得他的脸上长满了粉刺疙瘩，令他看起来丑陋不堪。到了南方之后，他整天呼吸江南山川之间灵秀之气，饮用山泉中甘甜之水。由于食物洁净，空气清新，久而久之，脸上的疙瘩逐渐消失了，容貌也变得十分俊美。

他从江南回到家乡后，照镜子看了一下自己的身影，觉得自己长得实在是太好了，一天比一天更觉得自己了不起。他神气十足地走在国都的大街上，洋洋自得地看着左右的邻人，总觉得国都的人和左右的邻人十之八九都不如自己。

他回到家中，刚登上大堂，看见自己的妻子，就不屑地跑开了。一边跑一边说："这是什么怪物，这么难看！"妻子上前嘘寒问暖，可是他却说："我跟你有什么关系？"妻子给他递来了茶水，他生气地推在一边不喝；妻子给他送来了饭菜，他也生气地不吃；妻子跟他说话，他一言不发，只是面对着墙叹息；妻子穿戴整齐，打扮得很漂亮来侍奉他，他竟唾弃而不理睬。

最后他愤愤地对妻子骂道："你长得如此丑陋，哪里能配得上

我？赶快走开！"他的妻子听了哀伤地低下了头，叹息道："别人身居富贵还不忘糟糠之妻呢，你却好，因为自己脸上没有了粉刺疙瘩便看不起我，将我驱逐出家门。"最后，妻子终于忍受不了了，悲愤地离开了家。

梁国的这个商人，在家中过了三年，乡里人都憎恶他的行为，没有人愿意把自己家的女儿嫁给他。后来，由于他经常生气等原因，遂又恢复了从前丑陋的模样。

想一想

❶ 梁国商人的行为是不是可恨又可笑？

❷ 梁国商人的妻子为什么离开了他？

❸ 读完这个故事，你的感想是什么？

心●灵●成●长●课●堂

　　小朋友们，有一句话叫作："虚心万事能成，自满十事九空。"意思就是说，虚心能帮助你把许许多多的事办成功；而自以为是，骄傲自满，目中无人，那十件事中可能有九件都会办不成。在平常的学习和生活中，有些人取得一点点成绩，便自命不凡，洋洋自得，这样的人终究不会有大的作为。就像这个梁国商人这样，不仅不会有什么大的作为，最终也会遭到世人的唾弃。

　　总之，人不能因为一朝得势就对别人抛去冷眼，因为世事无常，一切事物都在不停地发生变化，人人都会有从顶峰跌落的时候。

我为
你鼓掌

指 点 迷 津

　　对人尊敬、谦逊是一种好品质，小朋友们应该戒骄戒躁，努力地去培养自己的这种品质，使自己成为一个人见人爱的好孩子。

　　无论自己取得了多么大的成绩，都要记住，这里面也有很多其他人的功劳，比如：父母的支持、老师的指点、同学的鼓励，所以成功的果实一定要与他们分享。

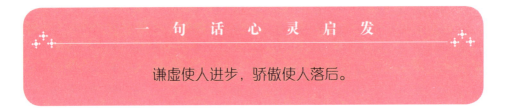

一 句 话 心 灵 启 发

谦虚使人进步，骄傲使人落后。

张良和老人

——宽容和虚心给予你意外收获

张良是汉高祖刘邦的重要谋臣，在他年轻时，曾经有过这么一段故事。

那时的张良还只是一名很普通的青年。一天，他漫步来到一座桥上，对面走过来一个衣衫破旧的老人。那老人走到张良身边时，忽然脱下脚上的破鞋子丢到桥下，还对张良说："去，把鞋给我捡回来！"张良当时感到很奇怪，同时也有点生气，觉得老人是在侮辱自己。可是念着老人年岁已大，便忍气吞声地给老人捡回了鞋子。谁知老人得寸进尺，竟然把脚一伸，吩咐说："给我穿上！"张良更觉得奇怪，简直是莫名其妙，但他想了想，还是决定帮忙帮到底，于是他恭恭敬敬地跪下身来帮老人穿上了鞋子。

老人穿好鞋，跺跺脚，哈哈笑着扬长而去。张良看着头也不

回、连一声道谢都没有的老人的背影，正在纳闷，忽见老人转身又回来了。他对张良说："小伙子，我看你还不错。这样吧，五天后的早上，你到这儿来等我。"张良深感玄妙，就诚恳地跪拜说："谢谢老先生，愿听先生指教。"第五天一大早，张良就来到桥头，只见老人已经先在桥头等候。他见到张良，很生气地责备张良说："同老年人约会还迟到，这像什么话呢？"说完他就起身走了。走出几步，又回头对张良说："过五天早上再会吧。"

张良有些懊悔，可也只有等五天后再来。

又过了五天，天刚蒙蒙亮，张良就来到了桥上，可没料到，老人又先他而到。看见张良，老人这回可是声色俱厉地责骂道："为什么又迟到呢？实在是太不像话了！"说完，十分生气地一甩手就走了。临了依然丢下一句话，"还是再过五天，你早早地就来吧。"

张良惭愧不已。又过了五天，张良刚刚躺下睡了一会，还不到半夜，就摸黑赶到桥头，他不能再让老人生气了。过了一会儿，老人来了，见张良早已在桥头等候，他满脸高兴地说："就应该这样啊！"然后，老人从怀中掏出一本书来，交给张良说："读了这部书，就可以帮助君王治国平天下了。"说完，老人飘然而去，

还没等张良回过神来，老人已没了踪影。

等到天亮，张良打开手中的书，惊奇地发现自己得到的是《太公兵法》，这可是天下早已失传的极其珍贵的书呀，张良惊异不已！

从此以后，张良捧着《太公兵法》日夜攻读，勤奋钻研，后来果真成了大军事家，做了刘邦的得力助手，为汉王朝的建立立下了卓著功勋，名噪一时，功不可没。

① 如果你是故事的主人公张良，会像他那样对待老人吗？

② 张良是怎样成为了大军事家的？

③ 这个故事对你的启发意义是什么？

　　这个故事的主人公张良，帮一位衣衫破旧的老人捡回了他故意丢到桥下的鞋，还恭恭敬敬地帮他穿好。相信这并不是一般人可以做到的，其实正是因为张良是一个热心、善良和尊敬老人的人，他才做到了别人所不能做到的事情。后来，虽然老人再三刁难，但张良都没有反驳和异议，这也使得老人更加看清楚了张良身上的可贵之处，所以才心甘情愿地把一卷珍贵的兵书馈赠与他。张良捧着这卷珍贵的兵书日夜攻读，勤奋钻研，才成为了后来的大军事家。

　　总之，张良宽容待人，至诚守信，刻苦勤勉，所以才成就了一番大事业。这也告诉我们，一个人加强自我修养是多么的重要！

只有真诚地帮助他人，虚心接受别人的教诲，才能学到真正的本领。

一个人只有宽容大度、性格豁达、心平气和，才能纵横驰骋，有所成就；相反，整日里为一些小事而生气，终将浪费了大好的时光、一事无成。

一句话心灵启发

紫罗兰把它的香气留在那踩扁了它的脚踝上。这就是真诚和宽容。

一枚钻戒

——宽容可以挽救一个人

一年暑假，小米找到了人生的第一份工作——在一家珠宝店当售货员，因为妈妈一直在生病，爸爸一个人的收入又供不上一家人的消费所用，所以她非常珍惜这个工作机会。

这天，天空下着雨，店里面冷冷清清的，眼看着下班时间就要到了，小米收拾东西准备回家。这时候，门外走进来一个戴帽子的中年人。他看起来精神委靡，一副病恹恹的样子，似乎已经被穷困潦倒的生活折磨得失去了生机。

中年人让小米拿出那盒亮晶晶的钻戒给他看，过了一会儿，他便一言不发地转身走了。收拾钻戒盒时，小米感到大脑"轰"的一声：里面少了一枚钻戒！

"不"，她在心里告诉自己，"我一定要保住这份工作，一定要!"

　　"先生"，她冲那位中年人喊了一声，刚喊出声她便后悔了——店里现在没有其他人，他会不会……但是已经管不了那么多了，小米顺手拿起一把店主准备扔掉的雨伞走了过去："先生，外面下雨了，这把伞你带上吧!"小米把伞递了过去，同时，她伸出了右手："再见。"那位中年人愣了一下，然后缓缓伸出手跟她握了握，接过伞走了。

回到柜台前，小米把手心里的那枚钻戒安进了盒里，长舒了一口气。

① 小米不动声色地去处理这件事情的好处是什么呢？

② 中年人为什么把原已"拿"到手的钻戒又还给了小米呢？

③ 如果你碰到这种情况，会像小米那样充满智慧地去解决吗？

在这个世界上，谁都会犯错，谁都会不小心失足。面对犯了错误的人，理解、宽容永远比暴怒、惩罚更具力量，它不但能让你和对方都有后路可退，还能让一位失足者回头是岸。这就是小米不动声色地去处理这件事情的好处。而中年人之所以把原已"拿"到手的钻戒又还给了小米，说明他被小米的宽容和理解所打动，同时他也受到了自己良心的拷问。

小朋友们，宽容是人与人之间关系的润滑剂，有了宽容，人间就少了许多纠纷，多了一份宁静；少了许多敌对，多了一些美好。有了宽容，人间才会变成美好的天堂。记住别人的好，忘掉别人的坏，人与人之间就能和睦相处，再深的矛盾也都可以化解。

指 点 迷 津

学会宽容别人，也是善待自己的一种方式。也就是说，我们要以律人之心律己，以恕己之心恕人。

小米遇到的事情其实非常危险，所以越少的人碰到越好。但是这个故事却是可以给我们以启发的，那就是：在生活中，面对别人一个小小的过失，一个淡淡的微笑，一句轻轻的"没关系"，常常可以"化干戈为玉帛"，这就是宽容，你学会了吗？

一 句 话 心 灵 启 发

有时宽容引起的道德震动比惩罚更强烈。

Part 3 赞美是世界上最动听的声音

卓别林的成就

——赞美赋予人积极向上的力量

　　卓别林是一位非常著名的英国喜剧演员，他奠定了现代喜剧电影的基础，后来不少艺人都喜欢模仿他的表演方式。

　　卓别林小的时候，有一年圣诞节，学校组织合唱团，卓别林却落选了，他很沮丧。一天在班上，卓别林背诵了一段喜剧歌词，博得了大家的喝彩。

　　老师说："虽然你唱得不好，但表演很有幽默的天分。"

　　后来，卓别林的父亲早逝，母亲患上严重的精神病。为了生计，卓别林到剧院四处打听，希望能演上一个角色。

　　一天，伦敦一家剧院要上演一出戏，剧院老板答应让卓别林演一个孩子的角色。演出并不成功，报纸在批评该剧的同时却说：

　　"幸而有一个角色弥补了该剧的缺点，那就是报童桑米。以前我们不曾听说过这个孩子，但可以预见，在不久的将来定会看到他不凡的成就。

后来，年轻的卓别林获得了一个去美国演出的机会。不巧的是，这次演出没有引起任何轰动，然而美国的报纸在谈到卓别林时说："那个剧团里至少有一个很能逗笑的英国人，他总有一天会让美国人倾倒的。"

多年后，卓别林终于成为享誉世界的艺术家。除了天才与勤奋之外，他的成功与年轻时候宽厚的社会氛围是分不开的。

❶ 卓别林是享誉世界的喜剧大师，他是怎样取得成功的呢？

❷ 小朋友，你愿意用一颗真诚的心去赞美和鼓励失意的人吗？

　　一个人的成功，往往离不开鼓励和赞美。人人都需要赞美，这就如同万物的生长需要阳光一样。对于卓别林的艺术生涯来说，周围的人对他的鼓励和赞美无疑就是他生命的阳光。这一缕纤细的阳光，使他及时得到了一丝光亮的指引，获得了前进的勇气，看到了走向成功的希望，从而最终引领他获得了成功。而实际上，欣赏他人又是那么容易，只要在他们失意的时候，说上一句赞美和鼓励的话就足够了。

　　小朋友们，这样的故事有很多，不知道你是否知道已故的好莱坞影星玛丽莲·梦露，她从小就是一个孤儿，在孤儿院生活的那一段时间，她就像一只"丑小鸭"，胆小怕事，沉默不语，对生活也很迷惘。可是有一天早晨，她在梳头的时候，一位保育阿姨看着镜子对她说："宝贝，你真漂亮！"就是这样一句赞美的话，使她那双暗淡的眼睛重新恢复了光彩。从此，她找回了自信，对生活充满了信心，对学习也是一丝不苟，积极参加

学校的各种活动，和同学们友善相处，很快地得到了大家的一致认可。同时，她的演艺才能也逐步地显露出来并被发现，加上后天的努力，她终于成为了举世瞩目的耀眼巨星。

由此可见，赞美的力量是多么巨大！小朋友们，试着赞美身边的人吧，也许你一句简单的赞美的话，就能使他们重拾生活的信心和勇气。

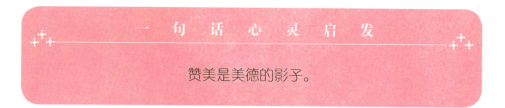

指点迷津

赞美和鼓励他人并不是一件特别难以做到的事情，你去尝试一下，就会感受到同样的快乐。

赞美和鼓励应该是发自内心的，不可以随随便便地应付。

每个人都希望得到他人的赞美，但是只有事先付出，才有机会得到。

一 句 话 心 灵 启 发

赞美是美德的影子。

朱莉的圣诞贺卡

——赞美他人也是一种本领

圣诞节临近，美国芝加哥西北郊的一个小镇到处洋溢着喜庆、热烈的节日气氛。

正在读中学的安妮拿着一叠不久前收到的圣诞贺卡，打算在好朋友朱莉面前炫耀一番。谁知朱莉却拿出了比她多十倍的圣诞贺卡，这令她羡慕不已。

"你怎么会有这么多的朋友？这里有什么诀窍吗？"安妮惊奇地问。

朱莉给安妮讲了两年前她的一段经历：

"一个暖洋洋的中午，我和爸爸在郊区公园散步。在那儿，我看见一个很滑稽的老太太。天气那么暖和，她却紧裹着一件厚厚的羊绒大衣，脖子上围着一条毛皮围巾，仿佛天上正下着鹅毛大雪。"

"我轻轻地拽了一下爸爸的胳膊说：'爸爸，你看那位老太太的样子多可笑呀。'"

"当时爸爸的表情显得特别严肃。他沉默了一会儿说：'朱莉，我突然发现你缺少一种本领，你不会欣赏别人。这证明你在与别人的交往中少了一份真诚和友善。'"

"爸爸接着说：'那位老太太穿着大衣，围着围巾，也许是生病初愈，身体还不太舒服。但你看她的表情，她注视着树枝上一朵

清香、漂亮的丁香花，表情是那么的生动，你不认为很可爱吗？她渴望春天，喜欢美好的大自然。我觉得这位老太太令人感动！'"

"爸爸领着我走到那位老太太面前，我微笑着说：'夫人，您欣赏春天时的神情真的令人感动，您使春天变得更美好了！'"

"那位老太太似乎很激动：'谢谢，谢谢你！小姑娘。'她说着，便从提包里取出一小袋甜饼递给了我，'你真漂亮……'"

"事后，爸爸对我说：'一定要学会真诚地欣赏和赞美别人，因为每个人都有值得我们欣赏的地方。当你这样做了，你就会获得很多的朋友。'"

想一想

❶ 为什么本来打算在朱莉面前炫耀一番的安妮却震惊了呢？

❷ 是什么原因使朱莉有那么多的朋友呢？

❸ "每个人的身上都有值得欣赏的地方"，你是这么认为的吗？如果是，又应如何去发现周围的人身上的优点，喜欢他们，与他们成为朋友呢？

❹ 赞美别人也是一种本领，你应该如何培养自己的这种本领呢？

 心●灵●成●长●课●堂

　　赞美和欣赏的力量是巨大的。有时候，一句赞美的话，便足以使一个人的生活变得快乐和美好起来，而赞美别人的人，也会同样收获到这种快乐和美好。就像朱莉和那位老夫人一样，只是一句赞美的话，就使那位老夫人激动不已，兴许，她已好久没有听到过这种赞美，这种赞美显然让她变得很快乐，而朱莉也得到相应的奖赏——一小袋甜饼和一句赞美的话。

　　小朋友们，不知道你有没有听过这样一个故事：一个生气的小男孩对妈妈严格的管教非常不满意，就跑出家，来到山腰上对着山谷大喊："我恨你！我恨你！我恨你！"山谷传来回声："我恨你！我恨你！我恨你！"男孩吃了一惊，就跑回家告诉妈妈说："在山谷里有一个可恶的小男孩对我说他恨我。"于是，妈妈就把他带回山腰上，让他喊"我爱你！我爱你！"男孩按照妈妈说的做了。这次，他发现有个可爱的小男孩在山谷里对他喊："我爱你！我爱你！"

是的，付出了什么，就会得到什么，你赞美别人，别人也会赞美你。而且，当你感谢他人、大方地赞美他人、对他人所取得的成绩怀有敬意时，你其实是肯定了他们的价值，他们也将会非常喜欢你，与你成为朋友，给你提供帮助，在你取得成绩的时候为你喝彩！

所以说，赞美他人也是一种本领，你学会这种本领了吗？

指 点 迷 津

在生活中，每一个人都喜欢听到别人对自己的赞美之辞，因此学会真诚地欣赏和赞美他人是非常重要的。这也是为他人喝彩的方式之一！

不要随随便便地对一个人给予不正当的评价，因为，每一个人的身上都有值得肯定的优点。

真正的欣赏，恰当的赞美是表达爱和传播爱的最好方式之一。它给平凡的生活带来了温暖和快乐，把世界的喧闹声变成了优美的音乐。

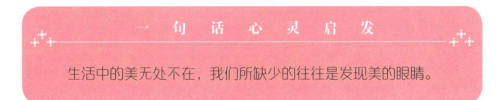

一 句 话 心 灵 启 发

生活中的美无处不在，我们所缺少的往往是发现美的眼睛。

心情转好的小职员

——赞美是一面回音壁

有一次，卡耐基到一家邮局里排队等候寄一封信，当时人很多，卡耐基随即发现那位管挂号的职员对自己的工作已经很不耐烦。可能是他今天碰到了什么不愉快的事情，也许是年复一年地干着单调重复的工作，早就厌烦了。

卡耐基突然心生一念，想试着使这位小职员高兴起来，因此他告诉自己："要使他高兴，使他对我产生好感，我一定得说一些好听的话赞美他。"于是他又扪心自问："这个人身上究竟有什么值得我赞美，而且是我由衷地想赞美的呢？"卡耐基静静地观察片刻，最后终于找到了。

当那个职员接待卡耐基的时候，卡耐基很热诚地说："我真的很希望有您这种头发。"那个职员抬起头，有点儿惊讶，面带微笑。"嘿，已经不像以前那么好看了。"他谦虚地回答。

卡耐基对他说，虽然你的头发失去了一点儿原有的光泽，但仍然很好看。那个职员高兴极了。双方愉快地谈了起来，而他说的最后一句话是："相当多的人赞美过我的头发。"

离开邮局后，卡耐基说："我敢打赌，这位仁兄当天回家的路上一定会哼着小调；我敢打赌，他回家以后，一定会跟他的太太提到这件事；我敢打赌，他一定会对着镜子说：'这的确是一头美丽的头发。'想到这些，我也非常高兴。"

想一想

❶ 小职员的心情为什么欠佳?

❷ 卡耐基是如何使小职员变得愉快起来的呢?

❸ 日常生活中,你懂得如何赞美他人吗?

心 • 灵 • 成 • 长 • 课 • 堂

也许是遇到了什么不愉快的事情,也许是日复一日的工作让人厌烦,邮局的小职员看上去很不开心。卡耐基不愧是深谙人际交往之道的成功大师,在他的热忱赞美之下,小职员十分愉快地与他聊起天来。是啊,每个人都有自尊心和荣誉感,对一个人真诚地表扬与赞同,就是对他自身价值的最好认可。真诚的欣赏和善意的赞许就像一面回音壁,能拉近人与人之间的距离,消除陌生与隔阂,正如卡耐基和小职员之间。

有的小朋友认为光是赞美没有什么用,还不如物质奖励来得实在些。其实不是这样的。赞美是对一个人精神上最大的奖励,那种因为受到肯定与表扬而带来的内心的满足感,要远远超过物质给人带来的快乐。

指 点 迷 津

无论一个人有怎样的成就与地位，都是需要赞美的。也许下一次，在平日里不苟言笑的老师或同学与你擦肩而过的时候，你可以真诚地表达对他的赞美，他在意外之余，心里一定在偷偷笑呢！

赞美别人并不是一件特别难以做到的事情，只需要你在与人交往的时候细心一些，找出别人的闪光点并给予恰当的赞美与肯定。在发现别人的优点时，你会发现自己的生活也开始布满阳光。

一 句 话 心 灵 启 发

世界上有两件东西比金钱和性命更为人们所需——认可和赞美。

拉提琴的小女孩

——赞美促使人成功

一个女孩迷上了小提琴，每晚都在家里拉个不停，家里人不堪这种"锯床腿"的声音的干扰，每每向女孩求饶。

女孩一气之下跑到一处幽静的树林，独自奏完一曲。突然听到一位老人的赞许声。老人继而说："我的耳朵聋了，什么也听不见，只是感觉你拉得不错！"

于是，女孩每天清晨来这里为老人拉琴。每奏完一曲，老人都连声赞许："谢谢，拉得真不错！"

终于，有一天，女孩的家人发现，女孩拉琴早已不是"锯床腿"了，而是非常的悠扬动听。他们惊奇地问她有什么名师指点。

这时，女孩才知道，树林中那位老人是著名的器乐教授，而她的耳朵竟从未聋过！

想一想

❶ 老人为什么谎称自己的耳朵聋了？

❷ 女孩的琴声是如何变得悠扬动听的？

心 • 灵 • 成 • 长 • 课 • 堂

　　小女孩爱上了拉小提琴，无奈却得不到家里人的支持和鼓励，生气之下，她跑出了家，来到了一片小树林拉琴。在小树林里，她遇到了赏识和支持自己的老人。老人之所以谎称自己的耳朵聋了，是因为怕小女孩在练习拉琴的过程中有思想压力，进而退缩。经过努力练习和老人的鼓励，小女孩的琴声终于变得悠扬动听了。

　　由此可见，赞美是开启一个人心灵的钥匙，适当的赞美会让人充满自信，得到积极向上的力量，会让枯燥乏味的生活大放异彩，会让人如沐春风，如饮甘泉，会有一种意想不到的效果产生。

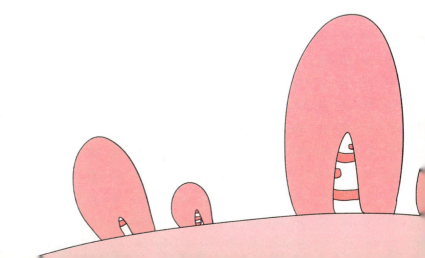

指 点 迷 津

　　没有赞美，生活便缺少了美好和诗意；没有赞美，花会失去芬芳，鸟会失去动听的歌喉，一切都没有生机。赞美是一种修养和品味，我们要学会发掘它。学会由衷地赞美别人，帮助别人发现其闪光点，也是一件快乐的事。

　　懂得真诚地赞美别人，生活会更加美妙，也会使我们得到更多的朋友，这样人与人之间的关系便不会像白开水那样平淡无味。记住，人们所喜欢别人加以赞美的事，便是他们自己觉得没有把握的事。

一 句 话 心 灵 启 发

　　认可、赞美和鼓励，能使白痴变天才，否定、批评和讽刺，可使天才成白痴。

从 "笨" 孩子到医学博士

——赞美是一道阳光

美国医学博士弗雷德·J. 爱泼斯坦，是纽约大学医疗中心儿童神经外科主任，是世界上第一流的脑外科权威之一。他首创了不少高难度的外科手术——包括切除脊柱和脑血管上的肿瘤。然而，令人难以置信的是，这样的一位卓有成就者，在上学时，却是一个有着严重学习障碍的学生。

小学五年级的时候，由于生理原因，爱泼斯坦遇到了严重的学习障碍，尽管他尽了自己最大的努力，可仍不断遭受挫折和失败。他自认为比别人 "笨"，就意志消沉，并开始装病逃学。然而就在这个时候，他遇到了一位让他终生难忘的老师——默菲，默菲老师没有因他 "笨" 而轻视他，相反，总是满腔热情地鼓励他。

有一天课后，默菲老师把爱泼斯坦叫到一边，将他的一张考卷递给他，那上面的答案都是错的。"我知道你懂这些题目，我们为什么不再来一次呢？"老师挨个考问试题，让爱泼斯坦回答。爱泼斯坦每答完一道题，老师都微笑着说："答得对！你很聪明，我知道你其实懂这些题目，我相信你的成绩会好起来的。"他一边说一边给每个题目打上对钩。

正是默菲老师的赞扬和鼓励，激发了爱泼斯坦的信心，他才告别绝望，倔强地与命运抗争，不再认输，不再懈怠，终于完成了正常人也不容易完成的学业，成为为很多人带来福音的医学博士。

① 是什么让原本被视为"笨"孩子的爱泼斯坦重新振作了起来？

② 如果你同样也被认为是"笨"孩子，该怎么做呢？这个故事给你的启发是什么？

心·灵·成·长·课·堂

"你很聪明，我知道你其实懂这些题目"，正是这句赞美的话，扬起了一位少年的奋进之帆，让一个濒临绝望的少年重新振作起来。默菲老师在爱泼斯坦的成长中起了多大的作用，我们无法估量。但可以想见，如果换一个老师，只知道指责爱泼斯坦不努力，或者干脆把他视为"差生"，也许，未来的医学奇才就夭折在他的手里了。

无独有偶，还有这样的一个小故事：

一个年轻人，他对生活已完全丧失了信心，准备割腕自杀。临死前，他搜空所有的记忆想找一个能让自己活下来的理由，但他所能记起的都是些伤心事。绝望之时，他脑海中突然闪现出一件事：小学时的一次写生课上，他画了一棵树，绿色的枝干，绿色的树叶。老师从他身后走过，说了一句："多么有创意且富有生机啊！"正是这一句赞美的话让他又重新燃起了对生活的热忱和希望。

　　赞美，似一道明媚的阳光，穿透世界的每个角落照进你的心房。赞美，如一泓甘甜的清泉，流经人间的每一寸土地，滋养你的心田。一句小小的赞美，甚至可以改变人的一生！因此，何不去赞美别人，赞美自己？

指 点 迷 津

　　获得是一种满足，给予是一种快乐。现实生活中，再也不要过于吝啬自己的赞美之言，学会真诚地为别人喝彩。也许正是因为你的一次不经意的喝彩，世界就多了一份亮丽！

　　赞美也要把握好一个"度"，不切实际的过分赞美，会被认为虚伪或别有用心，影响你和他人的正常交往。

一 句 话 心 灵 启 发

　　称赞不但对人的感情，而且对人的理智也起着很大的作用。

Part 4 学会欣赏别人和自己

屠格涅夫与托尔斯泰

——欣赏别人，你将得到更多

在一个天高气爽、落叶缤纷的秋天里，大作家屠格涅夫到一处郊野打猎，当他在松林中坐下来休息时，无意间捡到一本破旧的、皱巴巴的《现代人》杂志。无聊的屠格涅夫随手翻了几页，被一篇题名为《童年》的小说深深地吸引住了。作者是一个初出茅庐的无名小辈，但屠格涅夫却十分欣赏，钟爱有加，他四处打听作者的住处。几经周折，屠格涅夫找到了作者的姑妈，并表达了他对作者的肯定与欣赏，他说："这位青年人如果能继续写下去，他的前途一定不可限量！"屠格涅夫从托尔斯泰的姑妈的口中得知托尔斯泰两岁丧母，七岁丧父，屠格涅夫对他给予了极大的同情和关注。姑妈很快写信告诉自己的侄儿："你的第一篇小说在瓦列里扬引起了很大的轰动，写《猎人笔记》的那位大名鼎鼎的作家屠格涅夫就称赞

了你。"

　　作者收到信后，惊喜若狂，他本是因为生活的苦闷而信笔涂鸦打发心中的寂寥，并无当作家的妄念。由于屠格涅夫的欣赏，竟一下子点燃心中的火焰，找回了自信和人生的价值，于是一发而不可收地写了下去，最终成为了具有世界声誉的艺术家和思想家，他就是《战争与和平》《安娜·卡列尼娜》和《复活》的作者列夫·托尔斯泰。

　　托尔斯泰和屠格涅夫之间建立了深厚的友谊，他曾盛邀屠格涅夫到自己的庄园做客，一同打猎。午餐时，托尔斯泰还跳民间舞蹈

助兴。

　　一八八二年的一天，屠格涅夫逝

世。托尔斯泰悲痛万分，他在给妻子的信中写道："我总是怀念着

屠格涅夫，我深爱着他。我想把他的作品都读一遍。"

　　❶屠格涅夫与托尔斯泰素昧平生，可是他为什么还要费尽周折地联系

到他呢？

② 在生活中，你是否能够用欣赏的眼光去看待周围的人？

③ 从这个故事中，你感悟到了什么？

心 · 灵 · 成 · 长 · 课 · 堂

　　屠格涅夫是十九世纪俄国著名的大作家，他与托尔斯泰素昧平生，却在一次偶然的机会中，看到了托尔斯泰写的一篇小说，这篇小说深深地吸引了他，他认为这是一个不可多得的人才，于是辗转打听到了他的消息，并给予他深深的鼓励和赞美。托尔斯泰在受到屠格涅夫的赞赏之后，竟一下子点燃了内心自信的火焰，在努力之下，创作了很多优秀的作品。由此可见，渴望得到赞赏，是人的本性。中肯的赞赏可以鼓舞一个人的斗志，促使他奋发向上，积极进取。

　　因此，小朋友们，你们一定要学会真诚地欣赏别人，赞赏别人，当你学会真诚地欣赏别人之日，就是你得到别人更多欣赏之时。就像屠格涅夫那样，他也赢得了托尔斯泰和万千读者的尊敬和仰慕。

指 点 迷 津

　　欣赏别人是一种谦虚的心态，不要认为欣赏别人就会降低自己，恰恰相反，在你欣赏别人的同时，你的内心也会得到升华。

　　一个内心封闭的人，是不会懂得欣赏别人的，我们应该让自己拥有开放的心态，去发现别人的优点。

一 句 话 心 灵 启 发

一个永远也不懂得欣赏别人的人，也会成为一个永远也不被别人欣赏的人。

绿洲里的老先生

——心存美好，一切都美好

一个青年来到了绿洲，碰到一位老先生。年轻人便问："这里如何？"老人家反问说："你的家乡如何？"年轻人回答："糟透了！我很讨厌。"老人家接着说："那你快走，这里同你的家乡一样糟。"

后来，又来了一个青年，问老人同样的问题，老人家也同样反问：你的家乡如何？年轻人回答说："我的家乡很好，那里有蔚蓝的天空、清澈的河流，还有我最想念的亲人……"老人家便说："这里也是同样的好。"

旁听者觉得诧异，问老人家："为什么您的前后说法不一致呢？"老人回答说："你要寻找什么，你就会得到什么！"

想一想

❶ 老人两次的回答为什么完全相反呢?

❷ 你能从这个故事中感悟到什么道理吗?

小朋友们，当你以欣赏的态度去看待一件事，你便会看到许多美好之处；相反，当你以批评的态度去看待一件事，不仅感受不到美好，心情也会变得糟糕。

这里同时还有这样一个小故事要与你分享：

苏东坡是北宋著名的文学家、书画家，传说有一次他拜访高僧佛印，两个人正谈得兴起，苏东坡突然披上佛印的袈裟问："你看我像什么？"

佛印答："像佛。"然后问苏东坡："你看老朽像什么？"

苏东坡正得意忘形，便大笑着说："我看你像一滩牛粪！"

佛印笑了笑不再言语。

事后，苏东坡在得意之余，将此事告诉了苏小妹。不料苏小妹却当头给他泼了一瓢冷水，"这下你可输惨了"，苏小妹说。苏东坡不解，问："此话怎讲？"苏小妹答："心中有何事物就看到何事物，佛印心中有佛，所以看你就是佛；而你心中有污秽之物，你看到的自然就是牛粪。

小朋友们，一个人心中有什么便会看到什么，所以我们要以欣赏的态度去看待周围的人和事。

指 点 迷 津

在这个世界上，树叶有千万片，人有千万种，我们要学会用宽容的心去欣赏每一个人的优点，这样就会觉得生活很美，阳光很灿烂。

虚荣、嫉妒等心灵的垃圾只会占用你大量的时间和精力，让你迷失未来的方向，因此一定要学会摒弃那些多余的东西。

一 句 话 心 灵 启 发

决定一个人心情的，不在于环境，而在于心境。

抱怨的狮子

——欣赏他人，找回快乐

有一天，素有"森林之王"之称的狮子，来到了上帝面前："我很感谢你赐给我如此雄壮威武的体格、如此强大无比的力气，让我有足够的能力统治这整座森林。"上帝听了，微笑着问："但是这不是你今天来找我的目的吧！看起来你似乎为了某事而困扰呢？"狮子轻轻吼了一声，说："上帝您真是了解我啊！我今天来的确有事相求。因为尽管我的能力很强，但是每天鸡鸣的时候，我总是会被鸡鸣声给吓醒。神啊！祈求您，再赐给我一个力量，让我不再被鸡鸣声给吓醒吧！"上帝笑道："你去找大象吧，它会给你一个满意的答复的。"狮子兴匆匆地跑到湖边找大象，还没见到大象，就听到大象跺脚所发出的"砰砰"响声。

狮子加速地跑向大象，却看到大象正气呼呼地直跺脚。

狮子问大象："你干吗发这么大的脾气？"大象拼命摇晃着大耳朵，吼着："有只讨厌的小蚊子，总想钻进我的耳朵里，害得我都快痒死了。"狮子离开了大象，心里暗自想着："原来体形这么巨大的大象，还会怕那么瘦小的蚊子，那我还有什么好抱怨的呢？毕竟鸡鸣也不过一天一次，而蚊子却是无时无刻地骚扰着大象。这样想来，我可比他幸运多了。"

狮子一边走，一边回头看着仍在跺脚的大象，心想："上帝要我来看看大象的情况，应该就是想告诉我，谁都会遇上麻烦事，而它并无法帮助所有人。既然如此，那我只好靠自己了！反正以后只要鸡鸣时，我就当作鸡是在提醒我该起床了，如此一想，鸡鸣声对我还算是有益处呢？"

想一想

❶ 狮子威猛无比，是当之无愧的"森林之王"，可是为什么还要为了

一点琐事而去抱怨呢？

❷ 狮子是怎样找回了属于自己的快乐呢？

心·灵·成·长·课·堂

小朋友们，世间大部分的忧虑都来自一些琐碎的小事，生活中，大多

数烦恼也都是自寻的，所以我们要尽量创造一种愉快的心境，别让琐事阻

碍了自己的快乐。面对那些不值得一提的琐事，我们要换种欣赏的角度去看待它，就像狮子那样，把烦恼变成快乐。

总之，生命太短暂了，不要总是让小事牵绊住我们前进的脚步，不要总是让琐碎的烦恼浪费我们宝贵的时光。运用你的智慧，以一种超脱的心境去看待人生，自然就不再会因为小事而烦恼，从而找到原本属于你的快乐，赢得更绚烂、成功的人生。

指 点 迷 津

平日里应该以赏识的眼光和心态看待周围的每一个人，而不是将他们视为"眼中刺""耳中钉"，因为每一个人都有值得欣赏的优点。

不要因为一点小事就去中伤、诬告别人，否则你自己也会变得更加不快乐。

一 句 话 心 灵 启 发

学会欣赏他人能使你的视野变得开阔，而学会欣赏自己能使你的生活充满乐趣。

爱因斯坦的童年

——父母的欣赏很重要

阿尔伯特·爱因斯坦（1879～1955），出生在德国的一个犹太人家庭，是世界十大杰出物理学家之一，现代物理学的创始人、集大成者和奠基人，著名思想家和哲学家。

爱因斯坦小的时候，并不是一个天资聪颖的孩子，相反，已满四岁的爱因斯坦还学不会说话，人们都怀疑他是个"低能儿"。但是，担任电机工程师的父亲，却没有对儿子失去信心，他想方设法地帮助爱因斯坦发展智力。他为儿子买来积木，教他搭房子。小爱因斯坦每搭一层，父亲便表扬和鼓励他一次。在这种激励下，爱因斯坦一直搭到了十四层。

上学后，爱因斯坦仍然显得很平庸，学校的老师曾向他父亲断言说："你的儿子将一事无成。"大家的讽刺和讥笑，让爱因斯坦十分灰心丧气，他甚至不愿去学校，害怕见到老师和同学。但是父亲却鼓励他："我觉得你并不笨，别人会做的，你虽然做得一般，却并不比他们差多少，但是你会做的事情，他们却一点儿都不会做。你表现得没有他们好，是因为你的思维和他们不一样，我相信你一定会在某一方面比任何人都做得好。"父亲的鼓励，使爱因斯坦振作起来。

爱因斯坦的母亲贤惠能干，文化修养极高，她对自己的儿子百般呵护和鼓励。爱因斯坦小时候常常爱提出一些怪问题。如指南针为什么总是指向南方？什么是时间？什么是空间？别人都以为他是个傻孩子。

有一次母亲带他到郊外去游玩，别的亲友家的孩子，有的游泳，有的爬山，只有爱因斯坦一个人默默地坐在河边，静静地凝视着湖面。

这时，亲友们悄悄地走到爱因斯坦母亲的身边，忐忑不安地问道："您的孩子为什么总是一个人对着湖面发呆？是不是有什么毛病？还是趁早带他去医院检查检查吧。"可是爱因斯坦的母亲却十分自信地对他们讲："我的小爱因斯坦没有任何毛病，你们不了解，他不是发呆，而是在沉思。他将来一定是位了不起的大学教授。"

父母的鼓励和爱护使爱因斯坦的智力迅速发展。有一次，爱因斯坦生病了，本来沉静的孩子更像一只温顺的小猫，静静地蜷伏在家里，一动也不动。父亲拿来一个小罗盘给儿子解闷。爱因斯坦的小手捧着罗盘，只见罗盘中间那根针在轻轻地抖动，指着北边。

他把盘子转过去，那根针并不听他的话，照旧指向北边。爱因斯坦又把罗盘捧在胸前，扭转身子，再猛扭过去，可那根针又回来了，还是指向北边。不管他怎样转动身子，那根细细的红色磁针就是顽强地指着北边。

小爱因斯坦忘掉了身上的病痛，只剩下一脸的惊讶和困惑：是什么东西使它总是指向北边呢？这根针的四周什么也没有，是什么

力量推着它指向北边呢？在爱因斯坦对罗盘的探索中，已经孕育了

一颗伟大发现的种子。

想一想

❶ 小时候的爱因斯坦并不聪明，甚至还被认为是一个"低能儿"，是

什么促使他取得了日后非凡的成就呢？

❷ 即便是爱因斯坦，在受到讽刺和讥笑的时候也会灰心、丧气，所以

在平日里，你应该怎么做呢？

❸ 你的爸爸妈妈会经常赞美你、鼓励你吗？

心●灵●成●长●课●堂

　　小朋友们，我们每一个人都喜欢听到别人赞美的话语，看到别人赞赏的目光，有时候周围的人尤其是父母和老师一句不经意的赞美，小小的鼓励，都会让你感到心情舒畅，信心倍增；相反，他们不经意的批评、责怪，冷言冷语，却会让你心情变坏，甚至觉得自己一无是处。

　　从爱因斯坦成才的故事中，我们可以发现一个真理：父母对孩子热切的期望、坚定的信心和无私的帮助，将是孩子成功的重要保证。做父母的应当善于发现孩子的长处，并始终如一地坚信自己的孩子"一定能行"！

　　在十九世纪末美国密苏里的一个小镇上，有个劣迹斑斑的坏孩子，镇上的其他孩子，都被禁止和他来往。坏孩子九岁时父亲再婚，他对继母自

然充满敌意。婚后，父亲指着坏孩子对新夫人说："你千万要提防他，他

是全镇最坏的孩子。"

然而，继母却微笑着摸摸坏孩子的头，责怪自己的丈夫："你怎么能

这么说呢？他应该是全镇最聪明最快乐的孩子才对。"

坏孩子惊呆了，因为即使是他的生母，也没有这样欣赏过他。他开

始在继母的关爱下努力学习。很多年后，他创造了成功的二十八项黄金法

则，帮助千千万万的普通人走上成功之路——他就是美国当代著名的企业

家、教育大师戴尔·卡耐基。

既然每一个人都喜欢听到别人赞美的话语，看到别人赞赏的目光，那么，多欣赏一下他人又何妨？

无论周围的人怎么看待你，永远都不要对自己没有信心，永远都要懂得"为自己喝彩"！

如果爸爸妈妈平常忙于工作，忽略了对你的赞美和鼓励，可以把自己的需求告诉他们。告诉他们，自己所需要的不仅是物质方面的充裕，精神上的支持和鼓励也很重要。

一 句 话 心 灵 启 发

获得赏识是孩子心灵深处的最强烈的要求，赏识的本质是对孩子的爱。

113

达尔文的想象力

——为自己喝彩

达尔文是英国生物学家，进化论的奠基人。达尔文在剑桥大学毕业后，乘贝格尔舰做了历时五年的环球航行，对动植物和地质结构等进行了大量的研究和采集。一八五九年，达尔文出版了《物种起源》这一划时代的著作，在生物科学上完成了一次革命。

达尔文从小就爱幻想，他热爱大自然，尤其喜欢打猎、采集矿物和动植物标本。他的父母十分重视和爱护儿子的好奇心和想象力，总是千方百计地支持孩子的兴趣和爱好，鼓励他去努力探索，这为达尔文写出《物种起源》这一巨著打下了坚实的基础。

有一次，小达尔文和妈妈到花园里给小树培土。妈妈说："泥土是个宝，小树有了泥土才能成长。别小看这泥土，是它长出了青草，喂肥了牛羊，我们才有奶喝，才有肉吃；是它长出了小麦和棉花，我们才有饭吃，才有衣穿。泥土太宝贵了。"

听到这些话，小达尔文疑惑地问："妈妈，那泥土能不能长出小狗来？"

"不能呀！"妈妈笑着说，"小狗是狗妈妈生的，不是泥土里长出来的。"

达尔文又问："我是妈妈生的，妈妈是外婆生的，对吗？"

"对呀！所有的人都是他妈妈生的。"妈妈和蔼地回答他。

"那最早的妈妈又是谁生的？"达尔文接着问。

"是上帝！"妈妈说。

"那上帝是谁生的呢？"小达尔文打破砂锅问到底。

妈妈答不上来了。她对达尔文说："孩子，世界上有好多事情对我们来说是个谜，你像小树一样快快长大吧，这些谜等待你去解开呢！"

达尔文七八岁时，在同学中的人缘很不好，因为同学们认为他经常"说谎"。比如，他捡到了一块奇形怪状的石头，就会煞有介事地对同学们说："这是一枚宝石，可能价值连城。"同学们哄堂大笑，可是他并不在意，继续对身边的东西发表类似的另类看法。

还有一次，他向同学们保证说，他能够用一种"秘密液体"制成各种颜色的西洋樱草和报春花。但是，他从来就没有做过这样的试验。

久而久之，老师也觉得他很爱"说谎"，就把这个问题反映到了达尔文的父亲那里。父亲听了，却不认为达尔文是在撒谎，而是在想象。

有一次，达尔文在泥地里捡到了一枚硬币，他神秘兮兮地拿给他的姐姐看，并一本正经地说："这是一枚古罗马硬币。"姐姐接过来一看，发现这分明是一枚十分普通的十八世纪的旧币，只是由于受潮生锈，显得有些古旧罢了。

对达尔文"说谎"，姐姐很是恼火，便把这件事告诉了父亲，

希望父亲好好教训他一下，让他改掉令人讨厌的"说谎"习惯。可是父亲听了以后，并没有在意，他对女儿说："这怎么能算是撒谎呢？这正说明了他有丰富的想象力。说不定有一天他会把这种想象力用到事业上去呢！"

达尔文的父亲还把花园里的一间小棚子交给达尔文和他的哥哥，让他们自由地做化学试验，以便使孩子们的智力得到更好的发展。

达尔文十岁时，父亲还让他跟着老师和同学到威尔士海岸去度

过三周的假期。达尔文在那里大开眼界，观察和采集了大量海生动物的标本，由此激发了他采集动植物标本的兴趣。

想一想

❶ 小时候的达尔文为什么总喜欢"打破砂锅问到底"？

❷ 为什么同学和老师都反映小达尔文喜欢撒谎呢？达尔文的父亲对此事是什么态度呢？

❸ 达尔文依靠什么取得了后来的杰出成就？

心·灵·成·长·课·堂

小时候的达尔文非常喜欢"打破砂锅问到底"，其实这是一种非常好的习惯，因为只有这样，才说明你是勤于用脑和勤于思考的。只有勤于并善于思考，才能学得更快，悟得更深，做得更好。

尽管老师、同学和姐姐都说达尔文喜欢"撒谎"，但达尔文的父亲却不这么认为，他认为那是儿子好奇心和想象力的表现。好奇心和想象力是创造力的源泉和动力，也正是因为如此，达尔文才取得了后来的杰出成就。可以说，没有好奇心，没有想象力，就没有今天的"进化论"。而达尔文的父母最成功之处就在于特别注意保护孩子的想象力和好奇心。

父母是孩子的第一任老师，也是孩子人生中最初的"伯乐"，所以，他们的欣赏对孩子来说真的很重要。著名的教育学家陶行知先生曾说过："你的教鞭下有瓦特，你的冷眼里有牛顿，你的讥笑中有爱迪生。你别忙着把他们赶跑。你可不要等到坐火轮、点电灯、学微积分，才认可他们是你当年的小学生。"所以，在这里，我们也提醒天底下的广大父母，要学会欣赏你的孩子，即使全世界都认为他是最差的，你也要相信他是最优秀的！

小朋友们，热情的潜在价值是无限的，人要是没有热情是干不成大事业的，要想获得这个世界最大的奖赏，你就必须拥有将梦想转化为现实的无限热情，就像达尔文那样。

为自己喝彩，你的人生将会更加精彩。

受挫一次，对生活的理解加深一层；失误一次，对人生的省悟增添一阶。所以，就算遭遇了失败，我们也一定要学会为自己喝彩！

一 句 话 心 灵 启 发

要么你去驾驭生命，要么是生命驾驭你。你的心态决定谁是座椅，谁是骑师。

老师对学生的考验

——最优秀的人是你自己

据说，苏格拉底在风烛残年之际，知道自己时日不多了，就想考验和点化一下他的那位平时看来很不错的助手。

他把助手叫到床前说："我的蜡所剩不多了，得找另一根蜡接着点下去，你明白我的意思吗？"

"明白。"那位助手赶忙说，"您的思想光辉是得很好地传承下去……"

"可是，"苏格拉底慢悠悠地说，"我需要一位最优秀的传承者，他不但要有相当的智慧，还必须有充分的信心和非凡的勇气……这样的人选直到目前我还未见到，你帮我寻找和发掘一位好吗？"

"好的，好的。"助手很温顺很尊重地说，"我一定竭尽全力地去寻找，不辜负您的栽培和信任。

　　苏格拉底笑了笑，没再说什么。那位忠诚而勤奋的助手，不辞辛劳地通过各种渠道开始四处寻找了。可他领来一位又一位，都被苏格拉底一一婉言谢绝了。

　　当那位助手再次无功而返，回到苏格拉底病床前时，病入膏肓的苏格拉底硬撑着坐起来，抚着那位助手的肩膀说："真是辛苦你了，不过，你找来的那些人，其实还不如你……"

　　"我一定加倍努力，"助手言辞恳切地说，"找遍城乡各地，找遍五湖四海，我也要把最优秀的人选挖掘出来，举荐给您。"苏

格拉底笑笑，不再说话。

　　半年之后，苏格拉底眼看就要告别人世，最优秀的人选还是没有眉目。

　　助手非常惭愧，泪流满面地坐在病床边，语气沉重地说："我真对不起您，令您失望了！"

　　"失望的是我，对不起的却是你自己。"苏格拉底说到这里，很失意地闭上眼睛，停顿了许久才又不无哀怨地说，"本来，最优秀的就是你自己，只是你不敢相信自己，才把自己给忽略、耽误了。其实，每个人都是最优秀的，差别就在于如何认识自己，如何发掘和重用自己。

话没说完，一代哲人就永远离开了他曾经深切关注着的这个世界。那位助手非常后悔，甚至后悔、自责了整个后半生。

❶ 苏格拉底的助手辛辛苦苦地挑选，最终也没有找到让老师满意的人才，可是他为什么却没有想到自己呢？

❷ 助手为什么遗憾终生呢？

❸ 读完了这个故事，你会将欣赏的目光投向自己吗？

心·灵·成·长·课·堂

　　苏格拉底的助手之所以没有想到那个最智慧的人是自己，是因为他对自己缺乏信心和肯定。自信是一首诗，婉约雅致；自信是一首歌，悠扬动听。自信的人生不一般，不一般的人生更自信。让我们都会欣赏自己，悦纳自己，做一个最好的自己。

　　在美国一间黑人教室的墙壁上，刻着这样一句话："在这世界上，你是独一无二的一个，生下来你是什么，这是上帝给你的礼物；你将成为什么，这是你给上帝的礼物。"

　　上帝给的礼物我们无法选择，但我们给上帝的礼物则全由自己决定，学会认识自我，欣赏自我，你就能走向自信，活出真我的风采。每个向往成功、不甘沉沦的人，都应该牢记先哲的这句至理名言：最优秀的人就是你自己！

一个人如果下定决心做成某件事，那么他就会凭借意识的驱动，跨越前进道路上的重重障碍，所以无论如何都要相信自己是最棒的那个，赢得成功。

一个人期望得多，获得的也多；期望得少，获得的也少。因此要欣赏自己，对自己寄予厚望。

一 句 话 心 灵 启 发

先相信自己，然后别人才会相信你。

我为你鼓掌——我学会了不嫉妒别人

Part 5 真诚合作才能创造辉煌

乔丹和皮蓬

——对手也是朋友

在多年前的一场NBA决赛中，NBA的一位新秀皮蓬独得三十三分，超过乔丹三分，成为公牛队比赛得分首次超过乔丹的球员。比赛结束后，乔丹与皮蓬紧紧拥抱着，两人泪光闪闪。

在乔丹和皮蓬之间，有一个鲜为人知的故事。当年，乔丹在公牛队时，皮蓬是公牛队最有希望超越乔丹的新秀，他时常流露出一种对乔丹不屑一顾的神情，还经常说乔丹某方面不如自己，自己一定会超过乔丹之类的话。但乔丹没有把皮蓬当作潜在的威胁而排挤他，反而对皮蓬处处加以鼓励。

有一次，乔丹问皮蓬："我们两个的三分球谁投得好？"皮蓬有点心不在焉地回答："你明知故问什么，当然是你。"因为那时乔丹的三分球命中率是28.6%，而皮蓬是26.4%。

但乔丹微笑着纠正："不，是你！你投三分球的动作规范自然，很有天赋，以后一定会投得更好，而我投三分球还有很多弱点。"

乔丹还对他说："我扣篮多用右手，习惯地用左手帮一下，而你左右都行。"这一细节连皮蓬自己都不知道。他深深地被乔丹的鼓励和无私所感动。

从那以后，皮蓬和乔丹成了最好的朋友，皮蓬也成了公牛队比赛得分首次超过乔丹的球员。而乔丹这种无私的品质则为公牛队注

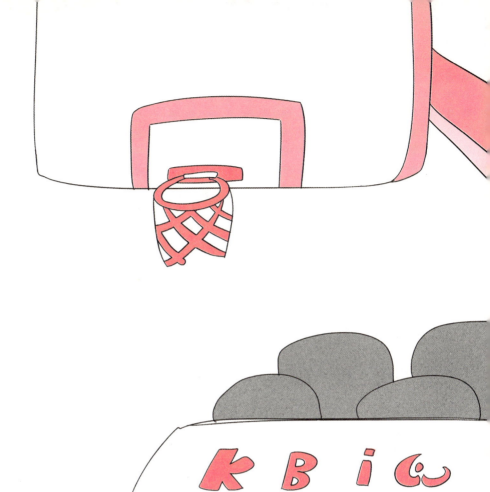

入了难以击破的凝聚力，从而使公牛队创造了一个又一个的神话。

乔丹不仅以球艺，更以他那坦然无私的广阔胸襟赢得了所有人的拥护和尊重，包括他的对手。

❶ 乔丹和皮蓬原本是竞争激烈的对手，为什么能够成为真正的好朋友？

❷ 公牛队能够创造一个又一个篮球界的神话，靠的是什么？

心·灵·成·长·课·堂

　　乔丹和皮蓬的篮球技艺都很高超，他们之间存在着激烈的竞争，但是与此同时，他们也是队友。既然是队友，就注定有着共同的目标，因此为了共同目标的实现，他们必须联起手来，并肩作战。不仅如此，乔丹的气度和胸怀也让人非常钦佩，他在自己优胜的情况下，还懂得去鼓励队友，赞美队友，这无疑是一种美德。正是因为他真诚的毫不吝啬的赞美，赢得了皮蓬的尊重，提高了自己在皮蓬心目中的地位，进而和皮蓬成为了真正的齐心协力的队友。因此，当他们取得胜利时，才紧紧地相拥而泣，尽管当时皮蓬的成绩是优于乔丹的。小朋友们，如果换成是你，你能够打心底里为皮蓬祝福和喝彩吗？

指 点 迷 津

　　在学习和生活中，不要害怕竞争存在，更不要害怕对手存在，因为正是由于高超的对手的存在，才能促使你自己变得更强大。

　　面对对手的成功，不要不屑一顾，更不要横加挑剔。如果是这样，那么仅仅从素养上来说，你就败给了对手。

　　不要让竞争和比赛的结果过多地影响到你的情绪，只要真正地付出过努力，便无怨无悔。即使失败了，也要懂得将掌声和鲜花赠予对手。下一次，更加努力就好。

如果你身处一个团队之中，那么只有齐心协力，共同努力，才能取得辉煌的成绩。

对手的存在让我们从不放弃奋斗和超越自我，因此，对手也是朋友！

化学界的"黄金搭档"

——真诚合作才能创造辉煌

　　一八〇〇年七月三十一日，维勒在德国法兰克福附近的一个小镇出生了，他的父亲是当地一位有名的医生，很注重对他的培养。维勒小的时候非常喜欢诗歌、美术，还有一个特别的爱好，那就是收藏矿物标本。中学的时候，在各门功课之中，他最喜欢化学，对化学实验尤其感兴趣。甚至，他居住的房间都变成了一间实验室和贮藏室，里面摆放着一堆堆的实验仪器，包括玻璃瓶、量筒、烧瓶、烧杯、曲颈瓶等等。读了大学以后，维勒的这项爱好依然没有改变，不仅如此，好像还更加强烈了。有一段时间，他对做化学实验发展到了一种几近痴狂的地步，甚至不做实验就不能安稳地入睡。

　　和维勒出生在一个年代的李比希对化学也有着强烈的兴趣，

他的父亲是经营药物原料的商人，拥有一所制造染料和涂料的小作坊，从小他便是父亲的助手。

维勒和李比希的性格截然不同，维勒理智、冷静、平和、沉稳，就像一盆冷水；李比希激烈、爽朗、勇敢、自信，就像一团烈火。但两个人密切配合，共同致力于科学研究，后来都成为了杰出的化学家，对无机化学、有机化学做出了突出贡献。

追求真理和献身化学是两人共同的愿望，他们保持了几十年的友谊，在化学史上堪称佳话。李比希在自传中这样写他与维勒的友谊："我的最好运气，就是有一位志同

道合的朋友。多年来我和这位朋友真诚合作，毫无隔阂，毫无嫉妒，手携手地向前，这一位行动时，那一位已经准备好。"

❶ 维勒和李比希的性格一个像水，一个像火，他们是靠着什么维持友谊的？

❷ 他们两个真诚合作，创造出了科学研究上的辉煌。你能从中得到什么样的启发吗？

心·灵·成·长·课·堂

　　维勒和李比希，他们是出生于同一个时代的人，他们有着共同的爱好和追求，因此他们才成为了一对志同道合的朋友，共同致力于化学界相关问题的研究和贡献。小朋友们，生活中的合作其实无处不在，很多事情离开了他人的合作，都将难以独自实现，"众人拾柴火焰高"说的就是这个道理。

　　合作是一种高尚、可贵的精神，它有助于使你和同伴之间的关系变得更加友好和密切，有助于使你形成积极的人生态度，拥有丰富的情感体验，如尊重、信任、友善、理解、宽容和关爱等。更为重要的是，它有助于一件事情的成功，就如维勒和李比希那样。

平时可以注意培养自己的合作意识和团队精神，比如多和同学沟通。当你有一个想法的时候，别人也有一个想法，当你们两个人的想法相互交流沟通的时候，问题可能就会更快地得到解决。

当其他的小伙伴在生活、学习上遇到困难时，要主动帮助他们，这也是合作精神的一种体现。而且，只有这样，当你需要帮助的时候，他们才会伸出援助之手。

正确看待竞争，在竞争中促进合作，而不是一定要争个你死我活。

一 句 话 心 灵 启 发

一滴水只有放进大海里，才会永不干涸；一个人只有融入到集体中，才会迸发出更大的力量。

有趣的瓜农

——以德报怨的好处

战国时期，梁国有一位叫宋就的大夫，曾经做过一个边境县的县令，这个县和楚国相邻界。梁国的人勤劳努力，经常浇灌他们的瓜田，所以瓜长得很好；楚国的人懒惰，很少去浇灌他们的瓜，所以瓜长得不好。

一年春天，恰逢天气比较干旱，由于缺水，瓜苗长得很慢。梁国的村民担心这样旱下去会影响收成，就组织一些人，每天晚上到地里挑水浇瓜。连续浇了几天，梁国村民的瓜地里，瓜苗长势明显好了起来，比楚国村民种的瓜苗要高不少。

楚国的村民一看到梁国村民种的瓜长得又快又好，非常嫉妒，有些人晚间便偷偷潜到梁国村民的瓜地里去踩瓜秧。

梁国村民发现了此事，便气愤地商定，也要去楚国村民的地里踩瓜秧。

宋就知道这件事情以后，忙请村民们消消气，让他们都坐下，然后对他们说："我看，你们最好不要去踩他们的瓜地。"

村民们气愤至极，哪里听得进去，纷纷嚷道："难道我们怕他们不成，为什么让他们如此欺负我们？"

宋就摇摇头，耐心地说："如果你们一定要去报复，最多解解心头之恨，可是，以后呢？他

们也不会善罢甘休，如此下去，双方互相破坏，最后谁都不会得到一个瓜。"

村民们皱紧眉头问："那我们该怎么办呢？"宋就说："你们每天晚上去帮他们浇地，结果怎样，你们自己就会看到。"

村民们只好按照宋就的意思去做，楚国的村民发现梁国村民不但不记恨，反倒天天帮他们浇瓜，惭愧得无地自容。

这件事后来被楚国边境的县令知道了，便将此事上报楚王。楚王原本对梁国虎视眈眈，听了此事，深受触动，深觉不安，于是，主动与梁国和好，并送去很多礼物，对梁国有如此好的官员和国民表示赞赏。

宋就也因此事受到了梁国国君的赏赐，当地的百姓也更加敬重宋就了。

想一想

❶ 梁国的村民在一开始的时候为什么决定也去楚国村民的地里踩瓜秧？

❷ 宋就是一个聪明的县令，他是怎样调停了这场纠纷的？

❸ 读完了这个故事，你有什么感想呢？

心●灵●成●长●课●堂

梁国的村民很勤劳,当他们遭遇了干旱的天气以后,担心影响收成,就夜夜派人去挑水浇瓜,这样一来,他们出地里瓜秧的长势果然好了起来。可是,这却引来了楚国村民的无端嫉妒,于是就派人到了夜晚偷偷地去梁国的瓜地里踩瓜秧。梁国村民得知了这件事情以后,非常气不过,于是决定"以牙还牙"。可是县令宋就却不允许他们这么做,他认为应该宽容大度地处理此事,用恩惠来回报别人的仇怨。后来,楚国的村民果然惭愧得无地自容,就连楚王也主动与梁国交好,送去了很多礼物。

小朋友们,嫉妒是一种非常不健康的情感,如果因为嫉妒去做危害别人的事情,那就更加不好了。就像楚国的村民那样,自己的瓜地长势不好,再去破坏他人的,只会受到道德上的谴责和良心上的拷问。但是,如果我们能够宽容嫉妒我们的人,站在他们的立场上思考问题,结果也许就会两全其美;相反,以恶报恶,这样只能恶化彼此之间的关系,让事情的结果都趋于不好的方向发展。

别人嫉妒你，想尽办法去伤害你，他的做法本来就是错误的，你又怎能去效仿呢？也就是说，因为别人嫉妒你，你就去报复别人，这是不正确的做法。

仇怨是灾祸的根由，当别人取得成绩的时候，要真诚和大度地去给予掌声，也要更加努力，争取下次赶上他！

一 句 话 心 灵 启 发

不要因为你的敌人而燃起一把怒火，灼热你自己。

五个手指的争吵

——每个人都有自己的长处

　　一天，五根手指在一起闲着没事，就谁是最优秀的话题争吵起来。

　　大拇指说："在咱们五个当中我是最棒的，你们看，我是最粗最壮的一个，人们无论赞美谁，夸奖谁，都把我竖起来，所以我是最棒的！"

　　这时，食指站了出来说："要我看，咱们五个我是最厉害的，谁要是出现错误，谁有不对的地方，我都会把他指出来。"

　　中指拍拍胸脯骄傲地说："看你们一个个矮的矮，小的小，哪有一个像样的，其实我才是真正顶天立地的英雄！"

　　到无名指了，他更是不服气："你们都别说了，人们最信任的就是我了，你们看，当一对情侣喜结良缘的时候，不都是把那颗代

148

表着真爱的钻戒戴在我的身上吗？"

到了小指，看他矮矮矬矬的，可最有精神，他说："别看我长得小，可是，每当人们虔心拜佛、祈祷的时候不都把我放在最前面吗？"

想一想

❶ 五个手指因为什么争吵了起来？

❷ 你对这个故事的看法如何呢？

小朋友们，在现实生活中，每个人都有自己的天赋，每个人都有自己的长处，同时也有自己的短处。因此，在一个团队之中，只有每个人都发挥自己的长处，精诚合作，才能创造共同的成功和辉煌。相反，只看到自己的长处，无视自己的短处，认为世界不公，整日里抱怨不已，终将一事无成。

还有这样一个小故事：

两位饥饿的人有幸得到了一位长者的恩赐：一根鱼竿和一篓鲜鱼。其中，一个人要了鱼，吃完了便饿死了；另一个人要了鱼竿，走向大海，但因路途遥远，他走了好几天才到海边，还没来得及去钓鱼也一命呜呼了。

由此看来，只有两个人合作，一起享受这篓鲜鱼，一起走向海边，才有可能同时获救。但遗憾的是，他俩拒绝合作，最终双双落得悲惨结局。

指点迷津

每个人都有自己的特点、个性和特长，我们所要做的，就是善于发现自己的特长，发挥好自己的特长，最大化地实现人生的价值。

人与人之间既有竞争的关系，又有相互依存的关系，有竞争就有合作，因此要学会一分为二地看待问题。

> **一句话心灵启发**
>
> 闪闪发光的金子，代替不了生铁的用途。

Part 6 拒绝虚荣对心灵的侵蚀

会飞的兔子

——正确地认识自己

兔子站在山涧的边缘，望着对面草地上的绿草，垂涎三尺。但山涧实在是太宽了，足有几十米，恐怕任何动物都无法逾越，除了长着翅膀的鸟。

兔子叹了口气，心想：要是我能长一对翅膀就好了，那样就能轻而易举地飞到对面的草地上痛快地美餐一顿。它正胡乱地想着，忽然有一股巨大的旋风刮了过来，兔子躲之不及，被刮上了天空。它只觉得天旋地转，晕晕乎乎的，分不清东南西北。不一会儿工夫，它就被重重地摔在地上。

它揉了揉眼睛，惊呆了，原来自己已被旋风裹挟着飞过了山涧，脚下正是它做梦都想到达的绿草地。这时，黄牛、山羊、野猪等动物见山涧对面飞过来一个东西，便赶紧跑过来看个究竟。到近

前一瞧，它们简直不敢相信自己的眼睛，这个会飞的东西是兔子。
于是大家把兔子抬起举向空中，表示对兔子本领的欣赏。而后大家
如众星捧月般地围着兔子，问长问短，表现出对兔子的崇拜之意。
兔子成为动物们的核心，自然高兴极了。

　　兔子会飞的消息很快在动物王国传开了，它一下子成为动物
体育明星。由于它创造了动物界只身飞跃山涧的纪录，其他动物对
它心服口服。黄牛、山羊、野猪先后请兔子到自己的领地，给所有
的同类做报告。兔子便常常伴着阵阵掌声，走上
讲台，慷慨陈词。它讲自己飞跃山涧的实践与体

会，它越讲越激动，越讲越上瘾，常常一讲就是半天。兔子从童年讲到青年，从喜欢吃的青草讲到自己挖的洞，从自己的腰围讲到自己的体重，口若悬河，滔滔不绝。兔子的演讲水平迅速提高。

在一片赞赏和喝彩声中，兔子觉得自己真的成了一只会飞的兔子。一天，它受其他动物的邀请，再次表演飞跃山涧的绝技。只见它站在山涧边上，用足了力气，猛地向对面跃去。可是，它却坠入山涧深处，不幸身亡了。

想一想

❶ 兔子到达了自己梦寐以求的青草地，它是真的会飞还是因为其他的原因？

❷ 兔子成为了众多小动物心目中的"体育明星"，经常滔滔不绝地发表演讲，可是它忘记了什么呢？

❸ 你对自己有没有正确的认识和评价呢？

心●灵●成●长●课●堂

小朋友们，兔子没有长翅膀，实际上是不会飞的，它是被一阵风裹挟着才到达了山涧对面的青草地的。在别人的吹捧和奉承之下，兔子的虚荣心也越来越膨胀，经常滔滔不绝地发表演讲，讲述自己飞翔的"壮举"，在这个过程中，它忘记了审视一下自己真正的能力，以至于落得后来的悲惨下场。

在古希腊一个神殿的柱子上，铭刻着这样一句话：认识你自己！这则古老的箴言，是古希腊人长久历史生活感受的凝结与表达，古希腊人把它视为最高智慧，这实际上也说明了正确认识自己是多么不易的一件事情！

小朋友们，你对自己的认识和评价如何呢？现在就开始思考一下吧！

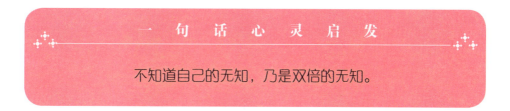

指 点 迷 津

在我们还没有清楚地了解自己的真实实力的情况下，千万不要被一个巧合冲昏了头脑，否则后果不堪设想。

正确地认识和评价自己，要清楚地知道自己的长处和优点、短处和缺点，经常问自己"我是这样的人吗""我有哪些不足呢"等问题。

一 句 话 心 灵 启 发

不知道自己的无知，乃是双倍的无知。

昂贵的马鞭

——放下自己的虚荣心

有一天，市场上来了个卖马鞭的人。他的马鞭看上去并不怎么样。

有个人问他："喂，卖马鞭的，你的东西多少钱呀？"他开口就把人吓了一跳："五万钱。"买东西的人说道："你是不是疯了？这种马鞭别人才卖五十钱，你怎么卖这么多钱呢？五十钱怎么样？"卖马鞭的人忽然笑了起来，腰都笑弯了，理也不理他。这个人又试探道："那五百钱呢？"卖马鞭的人显出很生气的样子。这个人知道这马鞭不值什么钱，存心逗逗他，又说："五千钱总该行了吧？"卖马鞭的大怒道："你不想买就走，不用啰唆，我是一定要五万钱才卖的！"

这时，有个有钱的少爷来买鞭子，见这卖鞭子的态度如此坚

决，以为这鞭子真的有什么独到之处，就出五万钱买了下来。然后，他就拿着这根昂贵的马鞭，到处去给人看，炫耀说："瞧我这根马鞭，值五万钱呢！"

有识货的人拿过马鞭仔细看了看，只见鞭梢卷曲着，一点儿都不舒展，鞭把也歪歪斜斜的，木质更次，已经朽了，漆纹粗劣得很，拿在手里也感觉不到什么份量。

于是，他直截了当地问这个阔少爷："这根马鞭

究竟有什么稀罕的地方，值得你花五万钱买下它呢？"阔少爷装模作样地说："我喜欢它金黄耀眼的颜色，那个卖鞭子的人还说了很多好处呢！"那人也不多说什么了，将马鞭浸在热水里，不一会儿，鞭子就扭曲了，收缩得厉害，金黄色也都掉了。

阔少爷也明白了鞭子是劣等货，但又不愿丢面子，只得打肿脸充胖子。有一次，他骑马出去游玩，举起鞭子抽马时力气稍用大了点儿，鞭子竟断成了两截，他也从马上跌下来，受了伤。

❶ 阔少爷为什么花那么高的价钱去买一根看上去并不怎么样的马鞭呢？

❷ 阔少爷的下场说明了什么呢？

阔少爷之所以要花那么高的价钱去买一根看上去并不怎么样的马鞭，是因为他的虚荣心使然，在他的意识里，只有贵的东西才是好的，便宜的东西他反而会不屑。卖马鞭的人就是利用阔少爷这种人的虚荣心来出售劣质货，从而大赚了一笔的。阔少爷的下场告诉我们，如果一个人只图虚名而不注重实际的话，是注定要吃亏上当的。

指 点 迷 津

　　没有人会喜欢一个虚荣心十足的人，你要学会放下自己的虚荣心，放下所谓的"架子"，这样周围的人才能真正地喜欢你，与你交朋友。

　　在与同学之间的竞争中，凭借自己真正的智慧和本领赢得对手，才称得上是真正的"英雄"，而虚荣、华丽的东西并不能为你带来什么。

一 句 话 心 灵 启 发

　　虚荣心很难说是一种恶行，然而一切恶行都围绕虚荣心而生，都不过是满足虚荣心的手段。

学历最高的博士

——放弃过强的自我意识

有一个博士被分配到了一家研究所去工作，他成为了那个单位学历最高的一个人。有一天他到单位后面的小池塘去钓鱼，正好正副所长在他的两旁，也在钓鱼。他只是微微点了点头，他有些不屑地在心里嘀咕道：不过是两个本科生而已，有什么好聊的呢？不一会儿，正所长放下钓竿，伸伸懒腰，"噌噌噌"地从水面上轻盈地踏过，去对面上厕所。博士的眼睛睁得都快掉下来了。水上飘？不会吧？这可是一个池塘啊。正所长上完厕所回来的时候，同样也是"噌噌噌"地从水上"飘"回来的。怎么回事？博士生又不好去问，自己可是博士生啊！

过了一会儿，副所长也站起来，"噌噌噌"地飘过水面上厕所。这下子博士彻底惊呆了：不会是到了一个江湖高手云集的地方吧？

又过了一会儿，博士也"内急"了。这个池塘两边有围墙，要到对面上厕所非得绕十分钟的路，而回单位又太远，怎么办？博士也不愿意去问那两位所长，憋了半天后，也起身往水里跨，心里还想着："我就不信本科生能过的水面，我博士生不能过。"随即，只听到"咚"的一声，博士落水了。两位所长见势，赶紧将他救了出来，问他为什么要下水，他问："为什么你们两个可以走过去呢？"

两位所长相视一笑，几乎异口同声地说："这池塘里有两排木

桩子，由于这两天下雨涨水正好在水面下。我们都知道这木桩的位置，所以可以踩着桩子过去。你怎么不问一声呢？"

① 博士为什么会落水呢？

② 如果你是那个博士，会虚心地询问别人的意见吗？

心·灵·成·长·课·堂

博士自认为自己学历很高，就目中无人、自视清高，就连在生活上遇到的小问题，也不肯低下头来问一下，唯恐折损了自己的形象，这其实就是一种虚荣心。虚荣心是对荣誉的一种过分追求，殊不知，越是过分追

求，越容易使自己处于尴尬境地。

其实，学历能代表什么呢？充其量也只能代表过去罢了，只有学习的能力才能代表将来。尊重经验、接受事实的人，才能少掉进"水"里，引申为其他，则为，凡事只有虚心求教、勤于求教，才能避免少走弯路。

在一座森林里，有一棵小树很自傲，它经常看着脚下比它矮许多的花草说："看你们，真是太矮小了，看我，长得多高，我离地面是那样的远。"说这话的时候，它的脸上露出了得意的神情。在森林的另一个地方，有一株高大的千年古松，它常常举目遥望苍穹，并说："和天空相比，我是这般渺小，离广阔的天空好远，要多少年，我才能碰到天空的云彩呢？"

小朋友们，这就是骄傲和谦虚的区别所在。一粒谷穗，长得越饱满，就越会弯下腰；一棵果树，越是果实累累，枝条越下沉。同样，一个人成就越大，越能感受到自己的不足，所以他的态度就越谦逊。也就是说，越是谦虚的人，就越能获得大的成就。

指 点 迷 津

　　要对自己有一个正确的评价，放弃过强的自我意识。如果对自己估计得太高，别人不但不会买你的账，反而还会看你笑话。

　　自负的人总是目空一切，高高凌驾于众人之上，仗着自己的优势，不肯轻易向凡间俗物略微低头，其实这会给人一种望而生畏的感觉。如果想在人生道路上走得更为从容、坚定，就要多一份谦逊，多一份平和。

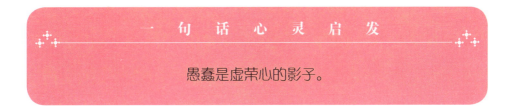

一 句 话 心 灵 启 发

愚蠢是虚荣心的影子。

赫耳墨斯和雕像者

——做好自己该做的事情

神使赫耳墨斯想知道他在人间到底受到多大的尊重，就化作凡人，来到一个雕像者的店里。他看见宙斯的雕像，问道："这个雕像值多少钱？"雕像者说："一个银元。"赫耳墨斯又笑着问道："赫拉的雕像值多少钱？"雕像者说："还要贵一点儿。"后来，赫耳墨斯看见自己的雕像，心想他身为神使，又是商人的庇护神，人们会对他更尊重些，于是问道："这个值多少钱？"雕像者回答说："假如你买了那两个，这个算饶头，白送。"

赫耳墨斯听了雕像者的话，十分生气，正准备施展魔法教训一下那个雕像者，忽然觉得好像有什么东西将他拉扯了一下，一下子就把他带到了半空中的一片浮云上。仔细一看，原来是宙斯。赫耳墨斯对宙斯说："好，既然他们不把我这个庇护神放在眼里，那我

以后也就不管他们的事了。"宙斯严肃地说："我的孩子，难道你就没有错吗？你身为商人的庇护神，却没有为他们做什么有益的事情，他们为什么要尊敬你呢？"赫耳墨斯喃喃地说："唉，现在我可算是了解了凡人的心理了——不过，您和母后为什么会受到这么大的尊重呢？难道只是因为你们的神职高吗？"

宙斯语重心长地说："看来你还没有吸取到教训。一个人是否受到别人的尊敬，与他的职位并没有什么关系，而在于他为别人做了多少实事。你做的事越多，人们就越尊重你；你做的事少，就算有再高再大的职位，人们也不会尊重你。"

赫耳墨斯听着听着，脸上露出了更加惭愧的神色，然后说：

"那，我以后一定努力工作，尽力做一些对商人们有利的事情。"

宙斯笑着说："这就对了。到那时，人们自然就会尊敬你了。"

想一想

❶ 赫耳墨斯听了雕像者的话，为什么那么生气？

❷ 宙斯的话对赫耳墨斯有什么启发意义？

❸ 你应该怎样做才能赢得他人的喜爱和尊敬呢？

心●灵●成●长●课●堂

赫耳墨斯听了雕像者的话，之所以那么生气，是因为他觉得对方根本不把他放在眼里，根本不尊敬他。他那么急切地想要人们都尊敬他，是为了满足自己的虚荣心和权力欲。事实上，正如宙斯所说，一个人是否受到别人的尊敬，与他的职位并没有什么关系，而在于他为别人做了多少实事。

很多时候，真正的拥有根本无需炫耀。也许你拥有很多东西，如金钱、珠宝、功名等，你很想让别人知道，从而赢得别人对你的肯定、赞扬、尊重。但是，实际上你拥有的这些东西对别人而言并不重要，真正重视它们的只是你自己，于是你的炫耀只会衬托你的虚荣和无知。真正能赢得别人对你的重视、尊重的只有你的美德，如诚信、勇敢、谦虚、宽容等，只要你拥有了这些美德，并懂得给予，那么不需要你故意炫耀，自然就会赢得别人的尊重。

  指 点 迷 津

每一个人都应该抛弃虚荣，虚怀若谷、脚踏实地地去做一些事情。

我们都以为自己出类拔萃，因此，当我们发现自己被认为毫不出众时，总是惊讶不已。其实，别人是否喜爱、尊敬我们，这并不重要，重要

的是我们每一个人都应该做好自己该做的事情。

要敢于承认自己的缺点。每个人都有自己的缺点，因此一定要敢于正视自己的缺点，不要为了虚荣而极力掩饰自己的缺点。要敢于扯下心灵深处的"遮羞布"，奋起直追，迎头赶上，这才是明智之举！

一 句 话 心 灵 启 发

虚荣是一件无聊的骗人的东西，得到它的人，未必有什么功德；失去它的人，也未必有什么过失。

猎人和兔子

——克服自己的虚荣心

从前有位猎人，天天去打兔子，却总是空手而归。时间一长，妻子也开始瞧不起他："你要能打到兔子，那就成癞哈蟆吃上天鹅肉了。"

这天，猎人对妻子说："今天，我要是打不着一只兔子，就不回来见你。"妻子皱了皱眉，说："如果我没有记错的话，这句话你说过一千次了，还不是照样空手回来了。"

猎人来到山脚下，只见一只兔子在匆忙逃跑的过程中，一下子失足掉进了一个枯井里。枯井并不深，兔子就是跳不出来。见到这种情况，猎人喜出望外，便不假思索地下到枯井里，用一根绳子拴住兔子的脖子，提溜出来，高兴地往家里跑。到了村边，他突然想起什么大事似的，立即停住脚步，他想，不能这样回去，妻子看了，该说是捉的，不是打的。

于是，猎人就把兔子吊在大树上，用枪瞄准兔子，"咚"的一声枪响，兔子一下子掉到地上，打了一个滚，起来就蹿，一会儿就跑没影了。

想一想

❶ 本已到手的猎物，为什么又得以逃跑了呢？

❷ 这个故事说明了什么？

心·灵·成·长·课·堂

本已到手的猎物，却又逃跑了，这是猎人的虚荣心在作祟。虚荣心是一种表面上追求荣耀、光彩的心理。虚荣心重的人，常常将名利作为支配自己行动的内在动力，总是在乎他人对自己的评价。其实，在自己的家人面前不必遮遮掩掩的，有什么说什么就行了。

这个故事告诉我们，一个人一旦陷入了虚荣的误区，往往会自食恶果。

树立正确的人生观和价值观，充分地肯定自己，有一颗悦纳自己的心。

所谓"良药苦口利于病，忠言逆耳利于行"，人一定要学会正确看待别人的褒贬，乐于接受别人批评的言辞，这样才能避免心浮气躁，才能沉心潜思，理智贤明。

要与时俱进，适时调整目标。目标是一个人前进的动力，然而在不同的环境，不同的阶段，所追求的目标亦需时时更新，决不可好高骛远、不切实际。

一 句 话 心 灵 启 发

爱好虚荣的人，用一件富丽的外衣遮掩着一件丑陋的内衣。

我为你鼓掌——我学会了不嫉妒别人